マスターしておきたい
数学の基礎

加藤　末広
下田　保博　共著
大橋　常道

コロナ社

「マスターしておきたい数学の基礎」正誤表

p.9　問題 1.2 問 2
[誤]　$\cdots \times \left(\dfrac{8}{27}\right)^{\frac{3}{2}}$　　　　　　[正]　$\cdots \times \left(\dfrac{8}{27}\right)^{\frac{2}{3}}$

p.145　6 行目
[誤]　a に十分小さい数　　　　　[正]　a に十分近い数

p.154　注意 1 行目
[誤]　$h \neq 0$ でも $k \neq 0$ となる　　[正]　$h \neq 0$ でも $k = 0$ となる

p.188　1 行目
[正]
$$\sin\frac{\alpha}{2} = \pm\frac{2\sqrt{13}}{13},\ \cos\frac{\alpha}{2} = \mp\frac{3\sqrt{13}}{13} \quad (\text{複号同順})$$

p.190　問題 5.1 問 1.(2)
[誤]　$\log_{10} 2 = \dfrac{1}{4}$　　　　　　[正]　$\log_{16} 2 = \dfrac{1}{4}$

p.197　5 章【5】
[正]　$\dfrac{\pi}{12} \leqq x < \dfrac{\pi}{4},\ \dfrac{\pi}{4} < x \leqq \dfrac{5\pi}{12}$

①

最新の正誤表がコロナ社ホームページにある場合がございます。
下記 URL にアクセスして [キーワード検索] に書名を入力して下さい。
http://www.coronasha.co.jp

まえがき

　本書は，高等学校などで数学を学ぶ機会があまりなかったか，あるいは学んでもあまり理解できなかったという大学生のために書かれた微分積分学への準備書である．大学初年次の準備教育，いわゆるリメディアル教育のためのの教科書としての使用が想定されるが，わかりやすい叙述を心がけたので，自習書として用いることもできる．半年間の講義ならば，5章までが標準かと思われるが，理解に応じ必要な箇所を学習した後，6章に進むことも可能である．

　数学は論理だけでなく直観と結び付きながら理解することにより，より複雑な思考や計算が可能になると著者は考えている．その意味で，なるべく幾何的な意味や関連を重視し，特に関数のグラフについてはかなり詳しく説明した．

　5章までが本書の中心の部分だが，微積分との関連も少し知っているほうがよいと考え，微分法の初歩的な解説をその前の箇所と関連づけながら行った．

　具体的な例に沢山当たるのが数学上達の早道と考え，例題や問題も多く載せるよう心を配った．問題には，問，節末問題，章末問題がある．問は本書を読んでいく際の理解を確かめるためのものなので是非解いてほしい．章末問題には手ごわいものも含まれているので最初は解けなくても悲観するには及ばない．

　本書を読み終え，さらに本格的な微分積分の勉強に親しんでほしい．本書がそのための一助となっていただければ，著者たちにとってこの上ない喜びである．

　終わりに，問題作成時，快く問題の提供に協力して下さった山下登茂紀先生に感謝の意を表したい．

2010年3月

著　　者

目　　　次

1.　数　と　式

1.1　数 に つ い て ……………………………………… *1*
1.2　式　と　計　算 ……………………………………… *6*
1.3　因数分解と因数定理 ………………………………… *9*
1.4　複　素　数 …………………………………………… *13*
1.5　方程式について ……………………………………… *15*
1.6　命 題 と 論 理 ……………………………………… *20*
章　末　問　題 …………………………………………… *26*

2.　関数とグラフ

2.1　関　　　数 …………………………………………… *27*
2.2　グラフの移動 ………………………………………… *33*
2.3　合　成　関　数 ……………………………………… *40*
2.4　分数関数とそのグラフ ……………………………… *42*
2.5　逆関数とそのグラフ ………………………………… *45*
2.6　無理関数とそのグラフ ……………………………… *48*
章　末　問　題 …………………………………………… *51*

3.　三　角　関　数

3.1　三　　角　　比 ……………………………………… *52*

3.2 一般角と弧度法 ………………………………………………… 56
3.3 三角関数の定義 …………………………………………………… 61
3.4 グラフの対称移動と三角関数 …………………………………… 67
3.5 三角関数のグラフ ………………………………………………… 73
3.6 加 法 定 理 ………………………………………………………… 78
3.7 加法定理から導かれる種々の公式 ……………………………… 81
3.8 三角関数の合成 …………………………………………………… 85
3.9 三角関数の応用 …………………………………………………… 88
3.10 複素数の四則演算と複素平面 …………………………………… 93
章 末 問 題 ……………………………………………………………… 98

4. 指 数 関 数

4.1 指 数 法 則 ………………………………………………………… 99
4.2 累 乗 根 …………………………………………………………… 103
4.3 指 数 の 拡 張 ……………………………………………………… 108
4.4 指数関数とそのグラフ …………………………………………… 113
4.5 指数方程式,指数不等式 ………………………………………… 116
章 末 問 題 ……………………………………………………………… 119

5. 対 数 関 数

5.1 対数の定義と性質 ………………………………………………… 120
5.2 底の変換公式 ……………………………………………………… 124
5.3 対数関数とそのグラフ …………………………………………… 127
5.4 対数方程式,対数不等式 ………………………………………… 130
5.5 常 用 対 数 ………………………………………………………… 132
章 末 問 題 ……………………………………………………………… 135

6. 微　分　法

6.1　曲線の傾きと微分係数 ……………………………………… *136*
6.2　導　関　数 …………………………………………………… *140*
6.3　関数の増減と 3 次関数のグラフ …………………………… *144*
6.4　関数の積・商の導関数 ………………………………………… *149*
6.5　合成関数の微分公式 ………………………………………… *152*
6.6　逆関数の微分公式と無理関数の導関数 …………………… *155*
6.7　三角関数の微分 ……………………………………………… *157*
6.8　指数関数の微分 ……………………………………………… *161*
6.9　対数関数の微分 ……………………………………………… *166*
章　末　問　題 ……………………………………………………… *168*

引用・参考文献 ……………………………………………………… *170*
問　　の　　答 ……………………………………………………… *171*
問　題　の　答 ……………………………………………………… *179*
章末問題解答 ……………………………………………………… *195*
索　　　　引 ……………………………………………………… *200*

1 数 と 式

　自然科学においては，物の変化の状況を観察し，法則性を見出し，将来の予測や制御を行うというのが1つの重要な研究対象である．どのような現象にしろ，物の変化は数値で測られ，関数によって表現される．したがって，数の性質や関数の性質を理解しておくことが数学の勉強の第一歩である．ここでは，大学の数学を学ぶうえでの基礎となる，数・式と計算・因数定理・方程式などについて記す．

1.1 数について

　人間は，自らの生活の中でいろいろな道具をつくるとともに"数の概念"を獲得し，性質の異なる数を順次発見してきた．それらの数を歴史的な順番で並べるとつぎのようになる．

（**1**）　**自然数**（natural number）

$$1,\ 2,\ 3,\ 4,\ \cdots,\ n,\ n+1,\ \cdots \tag{1.1}$$

と表され，1ずつ増えていく数全体を自然数という．n番目の自然数をnと書くのは，人間の抽象的表現の1つである．自然数の集合は**可付番無限個**（番号づけ可能な無限個）である．

（**2**）　**整数**（integer）

$$0,\ \pm 1,\ \pm 2,\ \pm 3,\ \cdots,\ \pm n,\ \pm(n+1),\ \cdots \tag{1.2}$$

と表される数の全体で，自然数に対して0とマイナスの数が追加されている．この

数も可付番集合である．整数は足し算，引き算および掛け算に対して <u>閉じている</u>（演算結果の数がその集合に含まれるという意味）．

（3） 有理数（rational number）

$$\frac{m}{n} \quad (m, n \text{ は整数で } n \neq 0) \tag{1.3}$$

と表される数の集合で，四則演算に対して閉じている．この集合も可付番である．

問 1. 有理数の集合は可付番であることを示せ．

有理数には有限小数と無限小数があることに注意されたい．特に，無限小数は **循環小数** となる．

例 1.1 有限小数：$\frac{1}{4} = 0.25$, $\frac{105}{56} = 1.875$ など．
無限小数：$\frac{2}{3} = 0.666\,66\cdots = 0.\dot{6}$, $\frac{131}{555} = 0.236\,036\,036\,0\cdots = 0.2\dot{3}6\dot{0}$
など．

（4） 無理数（irrational number）

$$\sqrt{2} = 1.414\,213\,56\cdots, \quad \sqrt[3]{5} = 1.709\,975\,94\cdots, \quad \pi = 3.141\,592\,653\,589\,793\cdots$$

などのように，<u>循環しない無限小数</u> を無理数という．ある数列の極限として定義されたネピアの数：

$$\lim_{n\to\infty}\left(1+\frac{1}{n}\right)^n = 2.718\,281\,828\,459\,045\,23\cdots \ (=e \quad \text{と書く})$$

も無理数であることが知られている（6.8 節）．無理数は非常に特殊な数と思われるかもしれないが，そうではない．例えば，$\sqrt{2}$ は辺の長さ 1 の正方形の対角線の長さであり，π は 1 つの円の周の長さと直径の比である．これらは共に現実の数である．$\sqrt[n]{a}$ は a の n 乗根と呼ばれる．

定義 1.1 （a の n 乗根） $a \neq 0$ のとき，自然数 n に対して

$$\sqrt[n]{a} = \begin{cases} n\text{乗して}a\text{になる}\underline{0\text{以上}}\text{の数}\ (n\text{が偶数},\ a \geqq 0\text{のとき}) \\ n\text{乗して}a\text{になる数} \qquad (n\text{が奇数},\ a\text{が実数のとき}) \end{cases} \quad (1.4)$$

注意：n 乗根の意味から，$\sqrt[n]{a} = a^{\frac{1}{n}}$ と書かれる．また，$\sqrt[n]{0} = 0$, $\sqrt[n]{1} = 1$ である．

例 1.2 $\sqrt{16} = 4$, $\sqrt{3} = 1.732\,050\,807\,5\cdots$, $\sqrt[3]{27} = 3$,
$\sqrt[3]{100} = 4.641\,588\,834\cdots$ （電卓で $4.641\,588\,834^3 = 100$ となる），
$\sqrt[3]{-8} = -2$, $\sqrt[3]{-125} = -5$, $\sqrt[5]{-100\,000} = -10$.

問 2. $\sqrt{2}$ は無理数であることを証明せよ（背理法を用いよ．1.6 節 p.23 参照）．

以上で述べた（**1**）から（**4**）までの数の集合を**実数**（real number）と呼ぶ（図 **1.1**）．

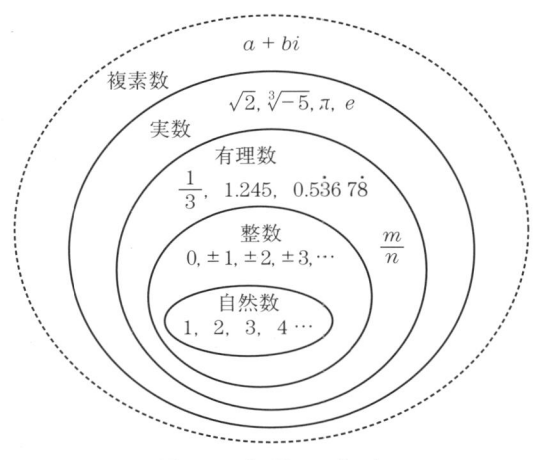

図 **1.1** 実数の集合

（**5**）**複素数**（complex number） 実数の 2 乗は正か 0 なので，方程式 $x^2 = -1$ は実数の範囲では解をもたない．この方程式も解をもつように，数の範囲を広げ，複素数という新しい数が生み出された（図 1.1）．複素数については 1.4 節で学習する．

1. 数 と 式

微積分学の勉強においては，数の集合は複素数まで理解していれば十分である．ここで，数についてのいくつかの性質を例題で考察する．

例題 1.1 1 から n までの自然数の和 S_n は

$$S_n = 1 + 2 + 3 + \cdots + n = \frac{n(n+1)}{2} \tag{1.5}$$

となることを示せ．

【解答】 S_n と S_n の自然数を逆順に並べたものを足して 2 で割れば答が求まる：

$$\begin{array}{r} S_n = 1 + 2 + 3 + \cdots + n \\ + \; S_n = n + (n-1) + \cdots + 1 \\ \hline 2S_n = (n+1) + (n+1) + \cdots + (n+1) = n(n+1). \end{array}$$

よって，$S_n = \dfrac{n(n+1)}{2}$. ◇

問 3. 5 の倍数の列 5, 10, 15, $\cdots$ の最初の 20 個の和を求めよ．

さて，2, 3, 5, 7, 11 などは，1 と自分自身しか約数をもたない．このような数は**素数**（prime number）と呼ばれている．素数は，数学のいろいろな分野で重要な役割を果たす数である．最初のいくつかを書くと

2, 3, 5, 7, 11, 13, 17, 19, 23, 29, 31, 37, 41, $\cdots$

である．2 つの連続した奇数の素数は**双子素数**（twin primes）と呼ばれている．11 と 13, 17 と 19 などである．また，素数は無限個あることは簡単にわかる（節末問題，問 6 参照）．

1 を除く任意の自然数は，素数の積に分解される．例えば，

$12 = 2 \cdot 2 \cdot 3, \quad 70 = 2 \cdot 5 \cdot 7, \quad 98 = 2 \cdot 7 \cdot 7$

などである．このような数の分解は**素因数分解**（prime factorization）と呼ばれ，数の計算などで非常に役に立つことがある．

例題 1.2 2つの整数 42, 315 について,
(1) 2つの数の**最大公約数**（共通の約数で最大のもの）を求めよ.
(2) 2つの数の**最小公倍数**（共通の倍数で最小のもの）を求めよ.

【解答】 2数を素因数分解すると,
$$42 = 2 \cdot 3 \cdot 7, \quad 315 = 3^2 \cdot 5 \cdot 7$$
となるので, 最大公約数は $3 \cdot 7 = 21$. 最小公倍数は $2 \cdot 3^2 \cdot 5 \cdot 7 = 630$. ◇

注意：2つの整数 a, b の最大公約数が1のとき, a と b はたがいに素であるという. 例えば, 5 と 8, 15 と 28 などである.

問　題　1.1

問 1. 小さい順に並べられた奇数の列 1, 3, 5, 7, $\cdots$ に対して,
(1) n 番目の奇数を n を用いて表せ.
(2) 1から n 番目の奇数までの和を求めよ.

問 2. 初項 a に一定値 d（公差という）を順次足してつくられる**等差数列**
$$a, \quad a+d, \quad a+2d, \quad a+3d, \quad \cdots$$
について,
(1) n 番目の数 a_n（第 n 項または**一般項**と呼ぶ）を求めよ.
(2) 初項から第 n 項までの和 S_n を求めよ.
(3) $a = -100$, $d = 3$ の等差数列の第 20 項を求めよ. また, 第何項までの和が初めて正になるか.

問 3. 252 と 462 の最大公約数, 最小公倍数を求めよ.

問 4. 連続する 3 個の自然数の積は 6 で割り切れることを証明せよ.

問 5. 2つの整数 a, b がたがいに素ならば, $a+b$ と ab はたがいに素であることを証明せよ.

問 6. 素数は無限個あることを証明せよ.
（ヒント：素数は $p_1, p_2, \cdots, p_n$ の有限個しかないと仮定して, 自然数 $N = p_1 \cdot p_2 \cdot p_3 \cdots p_n + 1$ を考えよ）

1.2 式 と 計 算

1.2.1 文字式の場合

数や文字およびそれらを掛け合わせてできる式を**単項式**という．単項式の集合 $2a, -3a, \dfrac{3}{5}a$ とか $4x, \dfrac{7}{4}x, -10x$ または $9y, -4y, y$ などは**同類項**と呼ばれる．同類項は和や差の計算ができ同じタイプの単項式になる．

例 1.3 $4a - 2a + 7a = 9a, \quad 10xy + 13xy - xy = 22xy, \quad \dfrac{1}{5}x - \dfrac{3}{5}x = -\dfrac{2}{5}x.$
$5a - a + 6b + 2b - c + \dfrac{3}{4}c = 4a + 8b - \dfrac{1}{4}c,$
$3x^2 + 7x^2 + x - 10x + 4 - 2 = 10x^2 - 9x + 2.$

単項式の積や割り算も計算できる．

例 1.4 $3a \times 5b = 15ab, \quad \dfrac{20xy}{4y} = 5x, \quad \dfrac{32p}{8pq} = \dfrac{4}{q}.$

分数は，分母と分子に同じ数を掛けても，分母と分子を同じ数で割っても値は変わらない．

例 1.5 $\dfrac{b}{a} = \dfrac{5b}{5a} = \dfrac{bx}{ax} \ (x \neq 0), \quad \dfrac{\frac{1}{a}}{\frac{2}{b}} = \dfrac{\frac{1}{a} \times ab}{\frac{2}{b} \times ab} = \dfrac{b}{2a}.$

つぎのような 2 つの分数の和と差の計算は**通分**（分母を同じにして計算）と呼ばれる．

$$\dfrac{1}{a} \pm \dfrac{1}{b} = \dfrac{b \pm a}{ab}, \quad \dfrac{b}{a} \pm \dfrac{d}{c} = \dfrac{bc \pm ad}{ac}. \tag{1.6}$$

例 1.6 $\dfrac{4}{3} - \dfrac{6}{5} = \dfrac{20 - 18}{15} = \dfrac{2}{15}, \quad \dfrac{3}{2}x - \dfrac{7}{4}x = \left(\dfrac{6}{4} - \dfrac{7}{4}\right)x = -\dfrac{1}{4}x.$

2つの分数の通分は，分母の2数の最小公倍数を分母にすればよい．

例 1.7 $\dfrac{2}{15}+\dfrac{1}{21}=\dfrac{2}{3\cdot 5}+\dfrac{1}{3\cdot 7}=\dfrac{2\cdot 7+5}{3\cdot 5\cdot 7}=\dfrac{19}{105}.$

$\dfrac{1}{30}-\dfrac{7}{24}=\dfrac{1}{2\cdot 3\cdot 5}-\dfrac{7}{2^3\cdot 3}=\dfrac{4-35}{2^3\cdot 3\cdot 5}=-\dfrac{31}{120}.$

問 4． 次式を計算して簡単にせよ．

(1) $\dfrac{3}{5}a-3ab+\dfrac{1}{2}a+\dfrac{5}{3}ab$ 　(2) $\dfrac{5}{6}-\dfrac{3}{14}+\dfrac{11}{21}-\dfrac{37}{35}$

問 5． 次式を計算して簡単にせよ．

(1) $\left(-\dfrac{1}{2}ab\right)^2\times\left(-\dfrac{2}{ab}\right)^3$ 　(2) $\dfrac{1+\dfrac{1}{xy}}{\dfrac{2}{y}-\dfrac{3}{y}-x}$

1.2.2 無理式の計算

無理式の**分母の有理化**の基本公式は

$$\frac{1}{\sqrt{a}+\sqrt{b}}=\frac{\sqrt{a}-\sqrt{b}}{(\sqrt{a}+\sqrt{b})(\sqrt{a}-\sqrt{b})}=\frac{\sqrt{a}-\sqrt{b}}{a-b}. \tag{1.7}$$

4.3節で詳しく学ぶように，無理数の累乗（ベキ乗）にはいくつかの表現法がある．例えば，

$$(\sqrt{5})^3=5\sqrt{5}=5^{\frac{3}{2}},\quad (\sqrt[3]{3})^5=3\sqrt[3]{3^2}=3^{\frac{5}{3}}.$$

例 1.8 $\sqrt[4]{32}=\sqrt[4]{2^5}=2^{\frac{5}{4}}$　と書けるが，この数は電卓で計算すると 2.37841423 で（実際は無限小数），4乗すると $2.37841423^4=32$ となる．

[**指数法則**]　$a>0, b>0$ で m, n は有理数として，

$$a^m\times a^n=a^{m+n}, \tag{1.8}$$

$$a^m\div a^n=a^{m-n}, \tag{1.9}$$

$$(a^m)^n = a^{mn}, \tag{1.10}$$

$$(ab)^m = a^m b^m, \tag{1.11}$$

$$a^{-m} = \frac{1}{a^m}. \tag{1.12}$$

指数法則については 4.3 節で解説する．

例 1.9 （無理式の計算例）
$$\sqrt{32} - \sqrt{8} + 2\sqrt{18} - \sqrt{50} = 4\sqrt{2} - 2\sqrt{2} + 6\sqrt{2} - 5\sqrt{2} = 3\sqrt{2},$$
$$(\sqrt{3} - 2)(\sqrt{5} + 3) = \sqrt{15} + 3\sqrt{3} - 2\sqrt{5} - 6,$$
$$\frac{1}{\sqrt{2}-1} = \frac{\sqrt{2}+1}{(\sqrt{2}-1)(\sqrt{2}+1)} = \sqrt{2}+1,$$
$$\frac{1}{\sqrt{5}-1} + \frac{1}{\sqrt{5}+1} = \frac{\sqrt{5}+1+\sqrt{5}-1}{5-1} = \frac{\sqrt{5}}{2},$$
$$\sqrt{8} \times \sqrt[3]{8} \div \sqrt[6]{8} = 8^{\frac{1}{2}+\frac{1}{3}-\frac{1}{6}} = 8^{\frac{2}{3}} = (2^3)^{\frac{2}{3}} = 2^2 = 4.$$

問 6. 次式を計算して簡単にせよ．
　　(1)　$(1+\sqrt{2}+\sqrt{3})(1+\sqrt{2}-\sqrt{3})$　　(2)　$\sqrt[4]{9} \times \sqrt[6]{27} \div \sqrt[3]{9}$

ここで，2 重根号が外れる場合にその外し方を記す．基本はつぎの式である．最後の項は正になるようにする．

$$\sqrt{a+b \pm 2\sqrt{a}\sqrt{b}} = \sqrt{(\sqrt{a} \pm \sqrt{b})^2} = \sqrt{a} \pm \sqrt{b}. \tag{1.13}$$

例 1.10　$\sqrt{3-2\sqrt{2}} = \sqrt{(\sqrt{2}-1)^2} = \sqrt{2}-1,$
$$\sqrt{2+\sqrt{3}} = \sqrt{\frac{4+2\sqrt{3}}{2}} = \frac{\sqrt{(\sqrt{3}+1)^2}}{\sqrt{2}} = \frac{\sqrt{3}+1}{\sqrt{2}} = \frac{\sqrt{6}+\sqrt{2}}{2}.$$

問 7. つぎの 2 重根号を外せ．
　　(1)　$\sqrt{5-\sqrt{24}}$　　(2)　$\sqrt{19+8\sqrt{3}}$

問 題 1.2

問 1. 次式を計算して簡単にせよ．

(1) $1 - \dfrac{1}{2} + \dfrac{2}{3} - \dfrac{3}{4}$ 　　(2) $\dfrac{\dfrac{1}{2} - \dfrac{1}{3}}{1 + \dfrac{2}{1 - \dfrac{1}{5}}}$

(3) $-3(1-a) + 5(2-3a) - \left(\dfrac{1}{4} - \dfrac{1}{3}\right)a$ 　　(4) $a^2 + 2ab - 2b^2 + 3ab + 4a^2 - b^2$

(5) $36abc\left(\dfrac{c}{2ab} - \dfrac{a}{6bc} - \dfrac{3b}{4ac}\right)$ 　　(6) $\dfrac{\sqrt{3}-1}{\sqrt{3}+1}$ 　　(7) $\dfrac{2\sqrt{2}-\sqrt{3}}{\sqrt{3}+\sqrt{2}}$

(8) $\dfrac{\sqrt{2}+\sqrt{3}-\sqrt{5}}{\sqrt{2}-\sqrt{3}+\sqrt{5}}$ 　　(9) $\sqrt{9-\sqrt{56}}$ 　　(10) $\sqrt{5-\sqrt{21}}$

問 2. $\left(\dfrac{4}{9}\right)^{-\frac{1}{2}} \times \left(\dfrac{8}{27}\right)^{\frac{3}{2}}$ の値を求めよ．

1.3　因数分解と因数定理

　数学の問題解決の中で，式を展開したり，逆に多項式などを因数分解したりする計算は頻繁に現れる．ここでは，主に因数分解に的をしぼって練習する．

例 1.11 （式の展開）
$$(x+2)^2 = x^2 + 4x + 4, \qquad (2y-3)(y+5) = 2y^2 + 7y - 15$$

例 1.12 （因数分解）
$$x^2 - 2x - 3 = (x-3)(x+1), \qquad y^2 - 100 = (y-10)(y+10),$$
$$2x^2 - 3x + 1 = (x-1)(2x-1), \qquad 9y^2 - 4z^2 = (3y-2z)(3y+2z).$$

式の展開や因数分解に必要な公式を列挙する．

⟨公式群⟩

(1) $a^2 + 2ab + b^2 = (a+b)^2$,　$a^2 - 2ab + b^2 = (a-b)^2$

(2) $a^2 - b^2 = (a-b)(a+b)$

(3) $a^3 + 3a^2b + 3ab^2 + b^3 = (a+b)^3$,　$a^3 - 3a^2b + 3ab^2 - b^3 = (a-b)^3$

(4) $a^3 - b^3 = (a-b)(a^2+ab+b^2)$,　$a^3 + b^3 = (a+b)(a^2-ab+b^2)$

(5) $a^2 + b^2 + c^2 + 2ab + 2bc + 2ca = (a+b+c)^2$

(6) $a^3 + b^3 + c^3 - 3abc = (a+b+c)(a^2+b^2+c^2-ab-bc-ca)$

(7) $x^2 + (a+b)x + ab = (x+a)(x+b)$,　$x^2 - (a+b)x + ab = (x-a)(x-b)$

(8) $acx^2 + (ad+bc)x + bd = (ax+b)(cx+d)$

　　$acx^2 - (ad+bc)x + bd = (ax-b)(cx-d)$

x の 2 次式の因数分解は，公式 (8) によって計算できる．図 **1.2** のようなたすき掛けの分解で 2 つの因数に分解できる．x^2 の係数を 2 つに分け（2 数の積に分解し）左はしに上下に並べ，つぎに定数項を 2 つに分け上下に並べ，たすき掛けで 2 つの積を上下に書く．それらの和が x の係数になるようにする．

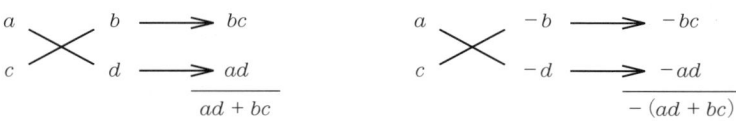

図 **1.2**　因数分解（たすき掛け）

例 1.13

$$6x^2 - 5x - 6 = (2x-3)(3x+2).$$

$$\begin{array}{rrr} 2 & -3 & \to -9 \\ 3 & 2 & \to 4 \\ \hline & & -5 \end{array}$$

例 1.14　（公式を用いた因数分解）

$x^2 - 6x + 8 = (x-2)(x-4)$,　$y^2 + 25y + 150 = (y+10)(y+15)$

$4a^2 + 4ab + b^2 = (2a+b)^2$,　$6x^2 + 7x - 20 = (3x-4)(2x+5)$

$x^3 + 64 = (x+4)(x^2-4x+16)$,　$8a^3 - 27b^3 = (2a-3b)(4a^2+6ab+9b^2)$

1.3 因数分解と因数定理

問 8. 次式を因数分解せよ.
  (1) $x^2 - 5x + 6$　(2) $x^2 - 6x + 9$　(3) $a^3 + 8$
  (4) $3x^2 - 5x - 2$　(5) $8x^2 - 26xy + 15y^2$　(6) $a^2b + a^2 - b - 1$

さて，x の冪で表現された式

$$a_n x^n + a_{n-1} x^{n-1} + \cdots + a_1 x + a_0 \qquad (a_n \neq 0) \tag{1.14}$$

は x の n 次**多項式**または n 次の**整式**と呼ばれる．2 次以上の 1 つの多項式 $P(x)$ を $x - a$ で割ったとき，商が $Q(x)$，余りが c（定数）ならば

$$P(x) = (x - a)Q(x) + c \tag{1.15}$$

と書ける．これは，45 を 6 で割ったとき，商が 7，余りが 3 だから

$$45 = 6 \times 7 + 3$$

と書くことと同じ表現である．

3 次以上の整式 $P(x)$ を 2 次式 $ax^2 + bx + c$ で割って，商が $Q(x)$，余りが $px + q$ のとき

$$P(x) = (ax^2 + bx + c)Q(x) + px + q \tag{1.16}$$

と書ける．一般に余りの整式 $px + q$ は，割る整式 $ax^2 + bx + c$ よりも次数は 1 以上小さい．つぎの例で割り算の実際を見てみよう．

例 1.15　（図 **1.3**）
  (1) $x^2 + 7x + 17 = (x + 4)(x + 3) + 5$
  (2) $x^3 - x + 1 = (x^2 - x)(x + 1) + 1$

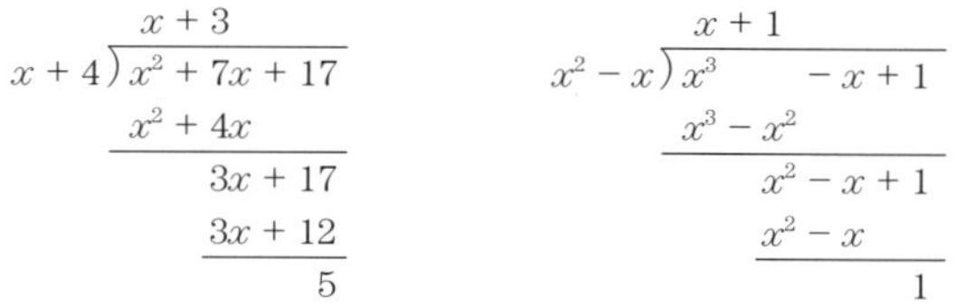

$$
\begin{array}{r}
x + 3 \\
x + 4 \overline{\smash{)}\, x^2 + 7x + 17} \\
\underline{x^2 + 4x } \\
3x + 17 \\
\underline{3x + 12} \\
5
\end{array}
\qquad
\begin{array}{r}
x + 1 \\
x^2 - x \overline{\smash{)}\, x^3 - x + 1} \\
\underline{x^3 - x^2 } \\
x^2 - x + 1 \\
\underline{x^2 - x } \\
1
\end{array}
$$

図 **1.3**　割り算 (1), (2)

式 (1.15) より，$P(x)$ を $x-a$ で割ったときの余り c は $P(a)$ である．また，$P(a)=0$ のとき，余りは 0 なので，$x-a$ で割り切れるということである．以上より，つぎの定理を得る．

定理 1.1 (剰余の定理) 多項式 $P(x)$ を $x-a$ で割ったときの余りは，$P(a)$ である．

定理 1.2 (因数定理)
多項式 $P(x)$ が $x-a$ を因数にもつ．$\iff P(a)=0$.

例 1.16

(1) $P(x)=2x^2-5x-3$ において，$P(3)=18-15-3=0$ なので，$P(x)$ は $x-3$ を因数にもち，$P(x)=(x-3)(2x+1)$ と因数分解される．

(2) $f(x)=3x^3-2x+1$ において，$f(-1)=0$ だから，$f(x)$ は $x+1$ を因数にもち，$f(x)=(x+1)(3x^2-3x+1)$ となる．

問 9. つぎの第 1 式を第 2 式で割ったときの商と余りを求めよ．
  (1) $x^2-5x+10,\ x-2$ (2) $x^3-2x-1,\ x-2$
問 10. 次式を因数分解せよ．
  (1) $7x^2-11x-6$ (2) x^3+4x^2+x-6

問 題 1.3

問 1. つぎの第 1 式を第 2 式で割ったときの商と余りを求めよ．
  (1) $x^2+2x-3,\ x-1$ (2) $x^3-2x-1,\ x^2+x-2$
問 2. 次式を因数分解せよ．
  (1) $5x^2+7x-6$ (2) $2x^3+7x^2+2x-3$
  (3) x^4-x^2-20 (4) x^4+x^2+1

問 3. $f(x) = x^5 + ax^3 + b$ が $x^2 - 1$ で割り切れるとき, 実数 a, b を求めよ.

1.4 複　素　数

方程式 $x^2 = -1$ などが解をもつように数の世界を広げ, 複素数という新しい数を導入しよう.

2乗して -1 となる新しい数を考え, これを文字 i で表す：$i^2 = -1$. i を**虚数単位**という. さらに2つの実数 a, b に対し, $a + bi$ の形で表せる新しい数を考え, この数を**複素数**という. 複素数 $a + bi$ に対し, a を**実部**, b を**虚部**という.

虚部が0である複素数 $a + 0i$ は実数 a を表すものとする. 実数でない複素数を**虚数**という. 特に, $a = 0, b \neq 0$ のとき, $0 + bi$ を**純虚数**といい, 簡単に bi と表す. 2つの複素数が等しいのは, 実部も虚部もたがいに等しいときをいう. 以下, $a + bi$ などと書くとき, 文字 a, b は実数を表す.

例 1.17

(1) 複素数 $3 + 4i$ の実部は3, 虚部は4.

(2) $5 + 0i$ は実数, $0 + 6i$ は純虚数.

(3) $a + 5i = 6 + bi$ のとき, $a = 6, 5 = b$.

複素数は16世紀ごろから使われ出し, その命名は19世紀のガウス (C.F. Gauss) による. なお虚数については大小関係や正・負は考えない.

複素数の位置表示をするため, 横軸を実数軸 x, 縦軸を虚数軸 y とした平面を用意して, 複素数 $z = x + yi$ を, 座標 (x, y) で表せる平面上の1点として表す (図1.4). この平面は**複素数平面**と呼ばれている.

さて, 2つの複素数の加減乗除は, 虚数単位 i を文字と考え文字式の四則と思って計算する. ただし, i^2 が出てきたら, これを -1 に置き換え式を簡単にする.

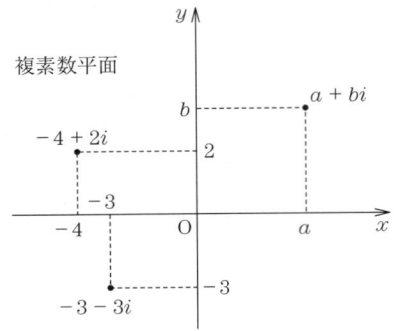

図 1.4 複素数平面

例 1.18 2数 $4-3i$ と $-7+4i$ の四則演算：

$(4-3i)+(-7+4i) = -3+i,$

$(4-3i)-(-7+4i) = 11-7i,$

$(4-3i)(-7+4i) = -28+16i+21i-12i^2 = -28+12+37i = -16+37i,$

$\dfrac{4-3i}{-7+4i} = \dfrac{(4-3i)(-7-4i)}{(-7+4i)(-7-4i)} = \dfrac{-28-16i+21i+12i^2}{(-7)^2-(4i)^2}$

$\phantom{\dfrac{4-3i}{-7+4i}} = \dfrac{-40+5i}{49-16i^2} = -\dfrac{8}{13}+\dfrac{1}{13}i.$

注意：複素数の定義について，高等学校とのつながりを考え，本書では高等学校の教科書にならい述べた．読者の中には複素数の存在に疑問を感じている方がいるかもしれない．現代の数学では，複素数 $a+bi$ を実部と虚部を成分としたベクトル (a,b) と考え，2つの複素数 (a,b) と (c,d) の和・差は $(a,b)\pm(c,d) = (a\pm c,\, b\pm d)$，また積は

$$(a,\,b)(c,\,d) = (ac-bd,\, ad+bc)$$

ととらえることにより，複素数の数学的な実在性が保証されている（特に，$(0,1)(0,1) = (-1,0)$ は $i^2 = -1$ を意味することに注意）．積の定義についてはやや人為的のようだが，複素数 $z = a+bi$ を $(a,\,b)$ を座標とした複素数平面上の点とみれば，後述の定理 3.18，定理 3.19 で説明するように決して不自然なものではないことが理解されるだろう．

定義 1.2

(1) $z = a + bi$ に対して $a - bi$ を z の**共役複素数**といい $\bar{z}$ で表す.

(2) $z = a + bi$ の**絶対値**を $|z| = \sqrt{a^2 + b^2}$ と定義する. これは, 複素数平面において原点から点 z までの距離を表す.

注意：

(1) $a - bi$ の共役複素数は $a + bi$ である. すなわち $\overline{a - bi} = a + bi$. 一般に, z とその共役複素数 $\bar{z}$ を表す 2 つの点は, 複素数平面上 x 軸に関して対称である.

(2) $z = a + bi$ に対して, $z\bar{z} = (a+bi)(a-bi) = a^2 - b^2 i^2 = a^2 + b^2 = |z|^2$ となる. この性質は, 分母の実数化に有効である（例 1.18 の割り算参照）.

問 11. 次式を計算して簡単にせよ.

(1) $(15 - 7i) - (20 + 5i)$　　(2) $(6 - i)(3 + 2i)$　　(3) $\dfrac{1-i}{3+2i}$

問　題　1.4

問 1. 次式を計算して簡単にせよ（$a + bi$ の形で書け）.

(1) $(2 + 3i)^3$　　(2) $\dfrac{5-i}{2+2i} + \dfrac{1+2i}{1-i}$　　(3) $1 + \dfrac{1}{i} + \dfrac{1}{i^2} + \cdots + \dfrac{1}{i^5}$

問 2. $z_1 = a_1 + b_1 i,\ z_2 = a_2 + b_2 i$ のとき, 次式を証明せよ.

(1) $\overline{z_1 z_2} = \overline{z_1}\ \overline{z_2}$　　(2) $\overline{\left(\dfrac{z_1}{z_2}\right)} = \dfrac{\overline{z_1}}{\overline{z_2}}$　　(3) $|z_1 z_2| = |z_1||z_2|$

問 3. つぎの複素数の絶対値を求めよ.

(1) $2 - 3i$　　(2) $\dfrac{4+i}{3+2i}$　　(3) $(1+i)(3-4i)$　　(4) $\cos\theta + i\sin\theta$

1.5　方程式について

x を未知数とした等式　$2x - 1 = 0,\ \ x^2 + 6x - 7 = 0,\ \ 2^x - 8 = 0$　などを x についての**方程式**という. 方程式では, その等式を満たす x の値（**根**ま

たは**解**と呼ぶ）を求めることが問題なのである．1つの方程式は複数個の根をもつこともあり，根が何個あるかも重要な問題である．

例 1.19 （上の3つの方程式の根）
$2x - 1 = 0 \longrightarrow x = \dfrac{1}{2}.$ （根はこれ1個）
$x^2 + 6x - 7 = (x + 7)(x - 1) = 0 \longrightarrow x = -7, 1.$ （根は2個）
$2^x - 8 = 0 \longrightarrow x = 3.$ （根は1個）

上の3つの方程式は，根がすべて実数であったが，2次方程式の根の公式：
$$ax^2 + bx + c = 0 \ (a \neq 0) \longrightarrow x = \frac{-b \pm \sqrt{b^2 - 4ac}}{2a} \tag{1.17}$$
から，判別式 $D = b^2 - 4ac$ の符号により根は実数になったり虚数になったりする．すなわち

(i) $D > 0$ のとき，異なる2つの実数根 $-\dfrac{b}{2a} \pm \dfrac{\sqrt{b^2 - 4ac}}{2a}$ をもつ，

(ii) $D = 0$ のとき，重根 $-\dfrac{b}{2a}$ をもつ，

(iii) $D < 0$ のとき，2つの虚数根 $-\dfrac{b}{2a} \pm \dfrac{\sqrt{4ac - b^2}}{2a} i$ をもつ．

注意：2次方程式の x の係数が2の倍数のとき，すなわち $ax^2 + 2bx + c = 0$ のとき，根の公式は
$$x = \frac{-b \pm \sqrt{b^2 - ac}}{a} \tag{1.18}$$
となる．このとき，D の代わりに，$D' = \dfrac{D}{4} = b^2 - ac$ を考えると便利である（この公式も覚えたほうがよい）．

一般に，方程式が与えられたとき，実数の範囲で根を求めるか，複素数の範囲で根を求めるかは指定されることが多い．$a_i \ (i = 0, 1, 2, \cdots, n, \ a_n \neq 0)$ を実数の係数とする n 次方程式
$$a_n x^n + a_{n-1} x^{n-1} + \cdots + a_1 x + a_0 = 0 \tag{1.19}$$
は，よく知られているように複素根を必ずもつ．

1.5 方程式について

例 1.20 （複素数の範囲で根を求める）

$x^2 - 4x - 21 = 0 \rightarrow (x+3)(x-7) = 0, \therefore x = -3, 7$ （2 根）

$x^3 - 3x + 2 = 0 \rightarrow (x-1)^2(x+2) = 0, \therefore x = 1$ (重根), -2

（重根を 2 個と数えると，全部で 3 根）

$x^3 + 27 = 0 \rightarrow (x+3)(x^2 - 3x + 9) = 0, \therefore x = -3, \dfrac{3 \pm 3\sqrt{3}i}{2}$ （3 根）

$x^4 - 4 = 0 \rightarrow (x^2 - 2)(x^2 + 2) = 0, \therefore x = \pm\sqrt{2}, \pm\sqrt{2}\,i$ （4 根）

注意：5 次以上の方程式では根号と四則演算で解を表す公式はつくれないことが知られている（1826 年，アーベルによる）．3 次方程式には**カルダノの解法**，4 次方程式には**フェラリの解法**というものがあるが，複素数の演算を必要とするので簡単には使えない．ここでは，3 次以上の方程式に対しては因数分解と 2 次方程式の根の公式を利用することで対処する．

上の例では，方程式を複素数の範囲で解くと，根の個数は 3 次方程式では 3 個，4 次方程式では 4 個であった．根の個数を論じた "代数学の基本定理" は 1799 年にガウスによって証明された（証明には複素関数の理論が必要）．

定理 1.3 （代数学の基本定理）　実数を係数とする n 次方程式

$$a_n x^n + a_{n-1} x^{n-1} + \cdots + a_1 x + a_0 = 0 \quad (a_n \neq 0)$$

は，複素数の範囲でちょうど n 個の根をもつ．ただし，重複根は重複度だけ数える．

例題 1.3　方程式　$x^6 - 1 = 0$　の根を複素数の範囲ですべて求めよ．

【解答】　$(x^3 - 1)(x^3 + 1) = 0 \rightarrow (x-1)(x+1)(x^2+x+1)(x^2-x+1) = 0$

より，根は　$x = \pm 1, \dfrac{-1 \pm \sqrt{3}\,i}{2}, \dfrac{1 \pm \sqrt{3}\,i}{2}$　の 6 個． $\diamondsuit$

問 12.　つぎの方程式の根を複素数の範囲で求めよ．

(1)　$3x^2 - 2x + 1 = 0$　　(2)　$x^3 + 3x - 4 = 0$　　(3)　$x^4 + 2x^3 - 2x - 1 = 0$

さて，われわれは 2 次関数のグラフは放物線であることを知っている（図 1.5（ア），（イ））．また 6.3 節で学ぶように，3 次関数の典型的な形は「極大と極小を 1 つずつもち，$|x|$ の値が限りなく大きくなるとき，関数の絶対値も限りなく大きくなる」（図 1.5（ウ），（エ））いま，2 次関数

$$y = x^2 - 2x - 3 = (x-1)^2 - 4$$

のグラフを xy 平面上に描くと，頂点が $(1, -4)$，y 切片が -3 の放物線である．また，方程式 $x^2 - 2x - 3 = 0$ の根は $(x+1)(x-3) = 0$ より，$x = -1, 3$ なので，この 2 点で x 軸を横切っていることがわかる（図 1.6）．

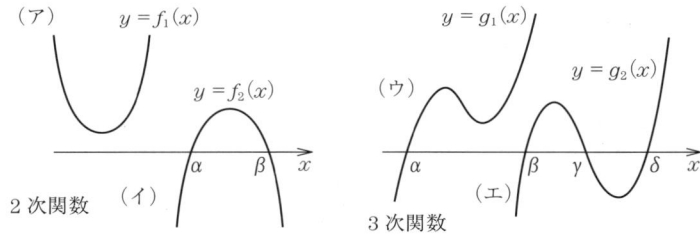

図 1.5 関数のグラフと方程式の根

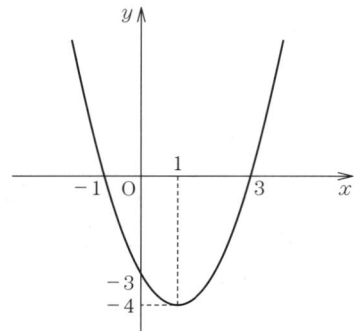

図 1.6 放物線

一般に，方程式 $f(x) = 0$ の実数根（例えば，α，β）がわかっているとき，$y = f(x)$ のグラフは x 軸上 α，β を通る．もし，方程式に実数根がなく虚数根だけならば，$y = f(x)$ のグラフは x 軸との共有点はないので，つねに

$f(x) > 0$ （図 1.5（ア））またはつねに $f(x) < 0$ となる．すなわち，複素根は普通の xy 平面上には表すことができないということである．

図 1.5 は 2 次関数と 3 次関数のグラフと方程式の根との関係を表したものである．2 次関数の $f_1(x) = 0$ の根は虚数根，$f_2(x) = 0$ の根は α, β. $g_1(x) = 0$ の根は，1 つが実数根 α, 2 つは虚数根，$g_2(x) = 0$ は 3 つの実数根 β, γ, δ をもつ．方程式の実数根がわかっていれば，その関数のグラフもより正確に描くことができる．

例題 1.4 つぎの方程式を複素数の範囲で解き，それらの根を複素数平面上に図示せよ．

(1) $x^4 - 1 = 0$ 　　(2) $x^6 - 1 = 0$

【解答】
(1) $x^4 - 1 = (x^2 - 1)(x^2 + 1) = 0$ より，根は $x = \pm 1, \pm i$. 根は単位円周上を 4 等分する点である（**図 1.7**（a））．

(2) 例題 1.3 より，根はつぎの 6 個．これらは単位円周上を 6 等分する点である．

$$x = \pm 1, \quad \frac{-1 \pm \sqrt{3}\,i}{2}, \quad \frac{1 \pm \sqrt{3}\,i}{2}. \quad (\text{図 1.7（b）})$$

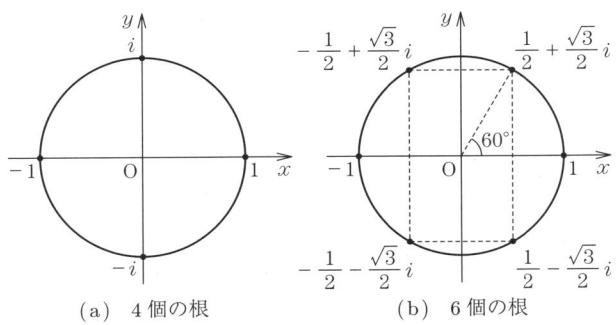

(a) 4 個の根　　　(b) 6 個の根

図 1.7 方程式の根

問　題　1.5

問1. つぎの方程式の根を複素数の範囲で求めよ．
(1) $2x^2-3x+3=0$　(2) $x^3-x+6=0$　(3) $2x^4-x^2-10=0$
(4) $x^4+2x^3+3x^2+2x+1=0$
　　（ヒント：両辺を x^2 で割り，$x+\dfrac{1}{x}=t$ とおけ）

問2. 方程式 $x^3+3x^2+x+k=0$ の1つの根が -3 のとき，実数 k の値と他の2根を求めよ．

問3. $x^3-1=0$ の虚数根の1つを ω とおくとき，次式の値を求めよ．
(1) $1+\omega+\omega^2$　(2) $1+\omega+\omega^2+\cdots+\omega^6$　(3) $\dfrac{\omega^2}{1+\omega}$

問4. つぎの方程式を複素数の範囲で解き，根を複素数平面上に図示せよ．
(1) $x^2+3x+5=0$　(2) $x^3+8=0$
(3) $x^4+1=0$　（ヒント：$x^4+1=x^4+2x^2+1-2x^2$）
(4) $x^6+1=0$　（ヒント：$\sqrt{2+2\sqrt{3}i}=\sqrt{(\sqrt{3}+i)^2}=\pm(\sqrt{3}+i)$）
(5) $x^5-1=0$　（答は，2重根号のままで表せ）
　　（ヒント：$x^4+x^3+x^2+x+1=0$ の根は $t=x+\dfrac{1}{x}$ とおいて求めよ.）

1.6　命題と論理

　正しいか，正しくないかを判定できる式や文を**命題**と呼ぶ．命題は正しいとき**真**であるといい，正しくないとき**偽**であるという．

例1.21　命題「偶数の3乗は8の倍数である」は真である．
「5の倍数である整数は，1桁目は0か5である」は真である．
「ひし形は長方形である」は偽である．

　数学における命題は，

$$\text{``} A \text{ ならば B である''（これを，} A \longrightarrow B \text{ と書く）} \tag{1.20}$$

という文が多い．この命題が真のとき，B は A であるための**必要条件**といい，

A は B であるための**十分条件**であるという．$A \longrightarrow B$ と $B \longrightarrow A$ が共に真のとき

$$A \longleftrightarrow B \tag{1.21}$$

と書き，B は A であるための**必要十分条件**，または，A は B であるための**必要十分条件**であるという．また，A と B は**同値**であるという．

例 1.22

(1) $A: x \geq 3$，$B: x > 0$ のとき，$A \longrightarrow B$ は真なので，B は A であるための必要条件，A は B であるための十分条件である．$B \longrightarrow A$ は偽である．

(2) $A: (x-1)(x-2) < 0$，$B: 1 < x < 2$ のとき，$A \longleftrightarrow B$ が成り立つので，A と B は同値である（たがいに他方の必要十分条件）．

条件 A の否定は，"A でない"であり，記号 $\overline{A}$ で表す．条件や命題の否定について，一般につぎのことが成り立つ：

(1) $\overline{A \text{ かつ } B} \longleftrightarrow \overline{A} \text{ または } \overline{B}$
(2) $\overline{A \text{ または } B} \longleftrightarrow \overline{A} \text{ かつ } \overline{B}$
(3) 「すべての x について命題 $P[x]$ が成り立つ」の否定は
「ある x について $\overline{P[x]}$ である」
(4) 「ある x について命題 $P[x]$ が成り立つ」の否定は
「すべての x について $\overline{P[x]}$ である」

例 1.23

(1) 「$-2 \leq x \leq 3$」の否定は，「$x < -2$ または $3 < x$」である．
(2) 「すべての x について，$50 \leq x^2$」の否定は，「ある x について，$x^2 < 50$」．
(3) 「整数 k, l の一方が奇数」の否定は，「整数 k, l が共に偶数または共に奇数」．

問 13. (1) つぎの命題の（ ）の部分を正しい言葉で埋めよ．
 (a) $x=2$ は $x^2=4$ であるための（ ）条件である．
 (b) $x=0, y=0$ は $x^2+y^2=0$ であるための（ ）条件である．
(2) つぎの否定を求めよ．
 (a) $x \leqq 3$ または $6 < x$ (b) ある y について，$y^2 < 4$．

命題 $P: A \longrightarrow B$ に対して

$B \longrightarrow A$ を P の **逆**，

$\overline{A} \longrightarrow \overline{B}$ を P の **裏**，

$\overline{B} \longrightarrow \overline{A}$ を P の **対偶**という．

この4つの命題の間には図 **1.8** のような関係がある．

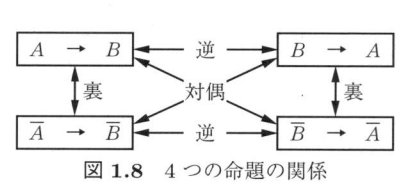
図 **1.8** 4つの命題の関係

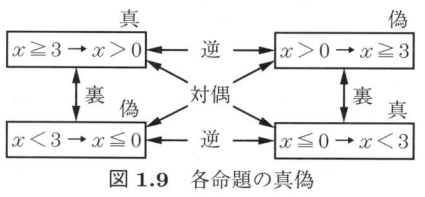
図 **1.9** 各命題の真偽

例題 1.5 例 1.22 の命題「$x \geqq 3$ ならば $x > 0$ である」の逆，裏，対偶を示し，それらの真偽を述べよ．

【解答】命題は真であり，これに対する各命題の真偽は図 **1.9** のようになる． ◇

問 14. つぎの命題の真偽を答えよ．
(1) x が実数のとき，$x^2 = 4$ ならば，$x = 2$ である．
(2) $xy < 0$ ならば，$x < 0$ または $y < 0$ である．

集合に関する包含関係を考えれば，1つの命題が真（偽）のとき，その対偶も真（偽）であることが簡単に証明できる．

定理 1.4 1つの命題「$A \longrightarrow B$」とその対偶「$\overline{B} \longrightarrow \overline{A}$」の真偽は同値である．すなわち，共に真か共に偽である．

さて，数学では予想された命題が正しいことを証明しなければならない場面はたくさんあり，証明によって新しい理論や新しい研究分野が切り開かれていく．数学における"証明"とは一体なんだろうか，必要な言葉の定義および基本的ないくつかの方法を述べる．

[証　　　明]：命題「$A \longrightarrow B$」が真であることを，すでに知られている法則や性質を用いて示すこと．

[直接的証明]：公理やすでに証明された定理などを用いて，演繹的な推論で結論を導く方法．

[演繹的推論]：すでに正しいと認められた法則などを基にして，新しい命題が真であることを証明するときの推論の方法で，主として三段論法が用いられる．

[三 段 論 法]：「$B \longrightarrow C$ かつ $A \longrightarrow B$ ならば $A \longrightarrow C$」という形の論法で，$B \longrightarrow C$ を**大前提**，$A \longrightarrow B$ を**小前提**，$A \longrightarrow C$ を**結論**という．

[背　理　法]：$A \longrightarrow B$ を証明するのに，「A かつ $\overline{B}$」とすれば不合理であることを示して $A \longrightarrow B$ が真であるとする証明法．
（結論を否定して，矛盾を導く方法．問題 1.1，問 6 の解答を参照せよ）

[対　偶　法]：$\overline{B} \longrightarrow \overline{A}$ を示して，$A \longrightarrow B$ を証明する方法．

[数学的帰納法]：自然数 n についての命題 $P[n]$ を証明する方法．(i) $P[1]$ は真である，(ii) $P[k]$ が真ならば，$P[k+1]$ も真である，の 2 つを示せばよい．

例 1.24　(三段論法の例)
(1)「人間は動物である」，「ジャックは人間である」．よって「ジャックは動物である」．
(2)「メアリーはテニスが好きかまたは歌うことが好きである」，「メアリーはテニスを好まない」．よって「メアリーは歌うことが好きである」．

例題 1.6　(**直接的証明**)　図 1.10 のような各辺の長さが a, b, c の三角形

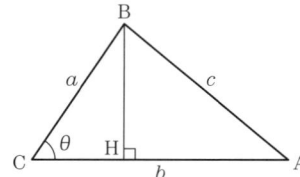

図 1.10　余弦定理の証明

ABC において,
$$c^2 = a^2 + b^2 - 2ab\cos\theta \quad (余弦定理) \tag{1.22}$$
が成り立つことを証明せよ．（三角関数については 3 章で解説する．三角関数に不慣れな読者はとばして先に進まれたい）．

証明　∠BCA $= \theta$ より，BH$=a\sin\theta$, HA$=b-a\cos\theta$. △BHA に三平方の定理（ピタゴラスの定理）を適用すると,
$$\begin{aligned}c^2 &= a^2\sin^2\theta + (b-a\cos\theta)^2 \\ &= a^2\sin^2\theta + b^2 - 2ab\cos\theta + a^2\cos^2\theta \\ &= a^2 + b^2 - 2ab\cos\theta.\end{aligned}$$
□

例題 1.7　（対偶法による証明）
「ab が奇数ならば，a,b は共に奇数である」を証明せよ．

証明　与えられた命題の対偶「a,b が共に奇数ではないならば，ab は偶数である」を証明する．a,b が共に奇数でなければ，(i) a,b は共に偶数か，(ii) 一方が偶数, 他方は奇数, のいずれかである．(i) のとき，ab は偶数．(ii) のときも，ab は偶数である．
□

最後に，数学的帰納法を用いた例を挙げる．

例題 1.8　初項 a に数 r $(r \neq 1)$ を順次掛けてできる**等比数列**（r は公比と呼ばれる）
$$a, ar, ar^2, \cdots, ar^{n-1}, \cdots \tag{1.23}$$
の初項から第 n 項までの和 S_n は

$$S_n = a + ar + ar^2 + \cdots + ar^{n-1} = \frac{a(1-r^n)}{1-r} \qquad (1.24)$$

となることを証明せよ．

証明 $n=1$ のとき，すなわち，初項 1 個のとき，$S_1 = a$．一方，右辺は $\dfrac{a(1-r)}{1-r} = a$ だから，与式は成り立つ．$n=k$ のとき与式が成り立つと仮定すると，両辺に ar^k を足して

$$\begin{aligned}
a + ar + ar^2 + \cdots + ar^{k-1} + ar^k &= \frac{a(1-r^k)}{1-r} + ar^k \\
&= \frac{a(1-r^k+r^k-r^{k+1})}{1-r} \\
&= \frac{a(1-r^{k+1})}{1-r}
\end{aligned}$$

を得る．すなわち，$n=k+1$ のときも式 (1.24) が成り立つので，すべての n に対して成り立つことが証明された． □

注意：一般に，数列 $\{a_n\}$ の初項 a_1 から第 n 項 a_n までの和 S_n は，つぎのようにシグマ $\sum$ を使って表す．

$$S_n = a_1 + a_2 + \cdots + a_n = \sum_{i=1}^{n} a_i. \qquad (1.25)$$

よって，自然数の和は例題 1.1 より $\displaystyle\sum_{i=1}^{n} i = 1 + 2 + \cdots + n = \frac{n(n+1)}{2}$，

等比数列の和は $\displaystyle\sum_{i=1}^{n} ar^{i-1} = a + ar + ar^2 + \cdots + ar^{n-1} = \frac{a(1-r^n)}{1-r}$，

と書ける（例題 1.8）．

問　題　1.6

問 1. つぎの命題を背理法で証明せよ．
(1) x, y は整数とする．$x^2 + y^2$ が奇数ならば，積 xy は偶数である．
(2) 定数 a が $|a| < 2$ のとき，方程式 $x^2 + ax + 1 = 0$ は実数根をもたない．

問 2. つぎの命題を証明せよ．
  (1) $a^2+b^2+c^2+ab+bc+ca=0$ ならば，$a=b=c=0$ である．
  (2) n は整数とする．n^3 が 3 の倍数ならば，n は 3 の倍数である．

問 3. 数学的帰納法により，つぎの命題または式を証明せよ．
  (1) $h>0$ のとき，すべての自然数 n に対して，$(1+h)^n \geq 1+nh$ が成り立つ．
  (2) $\displaystyle\sum_{i=1}^{n} i^2 = 1+2^2+3^2+\cdots+n^2 = \frac{n(n+1)(2n+1)}{6}$
  (3) $\displaystyle\sum_{i=1}^{n} i^3 = 1+2^3+3^3+\cdots+n^3 = \left\{\frac{n(n+1)}{2}\right\}^2$

章 末 問 題

【1】 次式を因数分解せよ．
  (1) x^3-7x-6 　　(2) $(x+1)(x+2)(x+3)(x+4)-24$
  (3) x^4-6x^2+1 　　(4) $a^2b-bc-a^4c-c^3+2a^2c^2$

【2】 (1) a は実数とする．方程式 $3x^3-ax^2+3x-1=0$ の 1 つの根が $\dfrac{1-\sqrt{2}i}{3}$ のとき，a の値と他の根を求めよ．
  (2) 4 次方程式 $x^4-11x^3+49x^2-101x+78=0$ が根 $3-2i$ をもつとき，この方程式を解け．

【3】 (1) 初項が $a_1=100$ で，漸化式 $a_{n+1}=a_n-\dfrac{1}{2}$ $(n=1,2,\cdots)$ を満たす等差数列 $\{a_n\}$ の一般項 a_n と第 n 項までの和 S_n を求めよ．
  (2) 初項が $a_1=8$ で，漸化式 $a_{n+1}=\dfrac{1}{2}a_n$ を満たす等比数列 $\{a_n\}$ の一般項 a_n と第 n 項までの和 S_n を求めよ．

【4】 z_1, z_2 を複素数とするとき，つぎの式が成り立つことを証明せよ．
  (1) $2(|z_1|^2+|z_2|^2)=|z_1+z_2|^2+|z_1-z_2|^2$
  (2) $||z_1|-|z_2|| \leqq |z_1 \pm z_2| \leqq |z_1|+|z_2|$　　(三角不等式)
  (3) $|z_1|<1, |z_2|<1$ ならば，$\left|\dfrac{z_1-z_2}{1-\bar{z}_1 z_2}\right|<1$

2 関数とグラフ

2.1 関　　　数

果てしなく続くまっすぐな道を 1 分間に k キロメートルの一定速度で自動車が走っている．このとき，x 分時間が経過する間の車の走行距離 y（キロメートル）は $y = kx$ となる．

一般に，2 つの変数 x, y があって，x の値が定まると，それに対応して y の値が定まるとき y は x の**関数**であるといい，$y = f(x)$ などと書く．関数を単に $f(x)$ とも書く．関数 $y = f(x)$ において，x の値が a のとき，それに対応して定まる y の値を $f(a)$ と書く．周知のように，関数は数式で書かれることが多いが，数式で表せない関数もある．

さて，文字には一定の数，すなわち**定数**を表す文字の場合と，いろいろな値をとり得る文字を表す**変数**の場合があった．上の例の場合，k は定数，x や y は変数になる．習慣上，定数を表す文字は a, b などアルファベットの最初のほうの文字，変数を表す場合は x, y などアルファベットの最後のほうの文字を使って区別しやすいようにすることが多いが，現実問題では，そうでない例もあるので，柔軟に考える必要がある．なお，この本では変数はすべて実数の範囲の中で考えるとする．

以下，実数全体の集合を $\mathbb{R}$ で表す．

例 2.1

(1) 1次関数　$y = ax + b$　　(a, b：定数, $a \neq 0$)

(2) 2次関数　$y = ax^2 + bx + c$　　(a, b, c：定数, $a \neq 0$)　一辺が x の正方形の面積は x^2 で表せる．また半径 x の円の面積は πx^2 である．半径 x の球の表面積 S は $4\pi x^2$ で S は x の2次関数である．

(3) 半径 x の球の体積は $V = \dfrac{4\pi x^3}{3}$ と V は x の3次関数になる．

(4) 一方，自然界での例として，自由落下運動に関しその経過時間を t とするとき，落下速度は t の1次関数 gt で，落下距離は t の2次関数 $\dfrac{1}{2}gt^2$ で与えられることが17世紀イタリアのガリレオ・ガリレイにより導かれた．

(5) 実数 x に対し，x を超えない最大の整数を $[x]$ と書く．(例：$[3] = 3$, $[\pi] = 3$, $[-3] = -3$, $[-3.1] = -4$．) $[x]$ はガウス記号と呼ばれる．$y = [x]$ とおくと，y は x の関数になる．この関数（変形版）は日常結構現れるもので，例えばタクシーの運賃などは，距離に応じて運賃が決まるので，運賃は距離の関数と見ることができる．この関数は一定のキロ数ごとに料金が段階的に変わるので，ガウス記号に類似の関数である．

(6) 有理数 x に対して $y = 1$，無理数 x に対して $y = 0$ と定めると，y は x の関数になる．この場合，普通の意味で y は x の数式で書けるわけではないが，(5) でガウス記号 $[x]$ をつくったように，数学では新しく関数をつくり，考える対象の関数を増やしている．

注意：二辺が a, b の長方形の面積は $S = ab$ となる．このとき，S は a および b の関数と考えることができるが，このときは2変数関数を考えることになる．

一般の現象は複雑だが考えやすくするため，1次関数で近似して物事の現象を解明することが多い．

関数 $y = f(x)$ に対して，変数 x の値のとり得る範囲を $f(x)$ の**定義域**という．また，$f(x)$ の値のとり得る範囲，すなわち y の値のとり得る範囲を**値域**と

いう．

関数 $y = f(x)$ の定義域が $a \leq x \leq b$ であるとき，

$$y = f(x) \quad (a \leq x \leq b)$$

などと表す．ときに定義域が明示されていないときは，通常，式が意味をもつ範囲全体を定義域とする．

例 2.2

(1) 関数 $y = 3x + 1$．x の値は自由にとれるので定義域は実数全体 $\mathbb{R}$．また x が実数全体を動くとき，y の値も $\mathbb{R}$ 全体を動くので値域は $\mathbb{R}$．一般に，1次関数 $y = ax + b$（a, b は定数で，$a \neq 0$）のとき，定義域，値域は共に $\mathbb{R}$ になる．

(2) 関数 $y = x^2$ を考える．このときもやはり x の値は自由にとれるので定義域は $\mathbb{R}$．一方，x が実数全体を動くとき，$y = x^2$ は 0 以上の値すべてを動くので，値域は $y \geq 0$ となる．

(3) 関数 $y = x^2$ $(-1 \leq x \leq 3)$ の定義域はもちろん $-1 \leq x \leq 3$ だが．値域は $0 \leq y \leq 9$ になる．

問 1. つぎの関数の定義域と値域をいえ．
(1) $f(x) = x^2 - 2x + 3$ $(-1 \leq x \leq 2)$ (2) $f(x) = x^3 + x^2$
(3) $f(x) = \dfrac{1}{x-1}$ (4) $f(x) = \sqrt{x}$（実数の範囲で考える）

2.1.1 座標

小学校のときから学んでいるように，平面上の点の位置を表すのに座標を考えることは，ちょうど番地を考えるときと同じようにとても便利である．平面上に座標軸（通常 x 軸と y 軸）を定めると，点 P の位置は 2 つの実数の組 (a, b) で表すことができ，この組 (a, b) を点 P の **座標** といい，P(a, b) と書く（図 **2.1**）．

座標軸の定められた平面は **座標平面** という．座標平面は座標軸により 4 つの部分に分けられ，それぞれ **第 1 象限**，**第 2 象限**，**第 3 象限**，**第 4 象限** という（図 **2.2**）．

図 2.1 座　　標　　　　　図 2.2 座標の定義

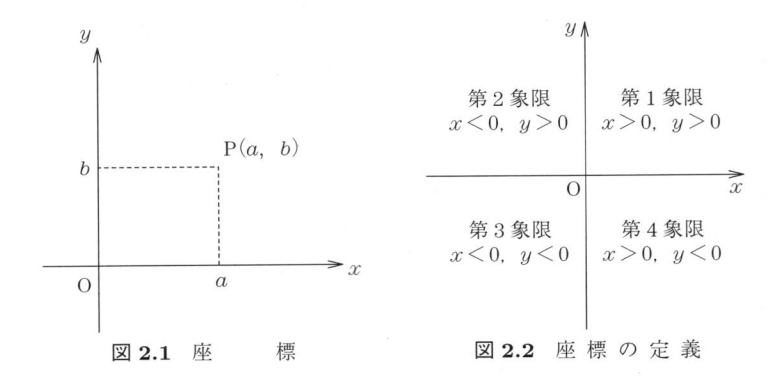

問 2. つぎの点は第何象限の点か.
(1) $(3, -7)$　(2) $(-5, -2)$
(3) $(-5, 4)$　(4) (a^2+1, a^2+2a+2)　(a：定数)

2.1.2 関数とグラフ

関数 $y = f(x)$ が与えられたとき, x が定義域全域を動いたときの点 $(x, f(x))$ 全体でつくられる図形を, 関数 $y = f(x)$ の**グラフ**という (**図 2.3**). したがって,

　　点 $P(a, b)$ が関数 $y = f(x)$ のグラフ上の点 $\iff b = f(a)$.

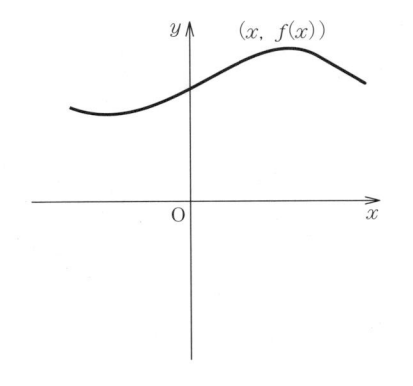

図 2.3 関数とグラフ

例 2.3 y が x の 1 次式で表せるとき y は x の 1 次関数, y が x の 2 次式で表せるとき y は x の 2 次関数, 一般に y が x の n 次式で表せるとき y は x の **n**

次関数であるという．x の 1 次関数のグラフは直線，x の 2 次関数のグラフは放物線を表す．

問 3. つぎの関数のグラフを描け．
(1) $f(x) = -3x + 2$ (2) $f(x) = -x^2$

関数 $y = f(x)$ に最大の値があるとき，この値を $f(x)$ の**最大値**という．同様に，$y = f(x)$ の最小の値があるとき，この値を $f(x)$ の**最小値**という．

1 次関数と 2 次関数の例を挙げよう．

例 2.4

(1) 関数 $y = 2x + 1$ のグラフは，"傾きが 2 で，切片が 1 の直線" になるので，図 **2.4** のような図形を描く．x の範囲が実数全体をとるので，関数 $y = 2x + 1$ には最大値も最小値も存在しない．

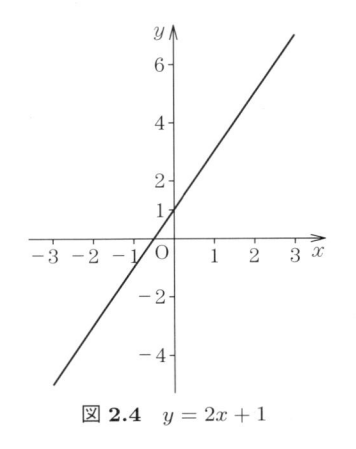

図 **2.4** $y = 2x + 1$　　　図 **2.5** $y = 2x + 1$ $(-2 \leqq x \leqq 2)$

(2) 今度は x の範囲を $-2 \leqq x \leqq 2$ に制限して，$y = 2x + 1$ を考えよう．通常これを，

$$y = 2x + 1 \quad (-2 \leqq x \leqq 2)$$

と表記する．グラフは図 **2.5** で表せ，最大値は 5，最小値は -3 である．

(3) 2次関数 $y = x^2$ のグラフは図 **2.6** で表せ，最大値は存在しないが，最小値は存在して 0.

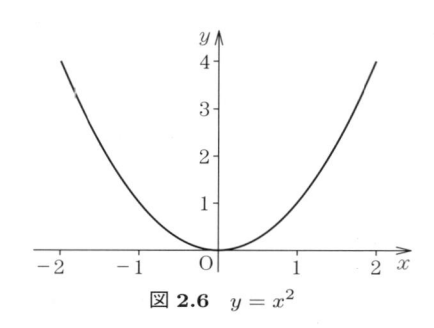

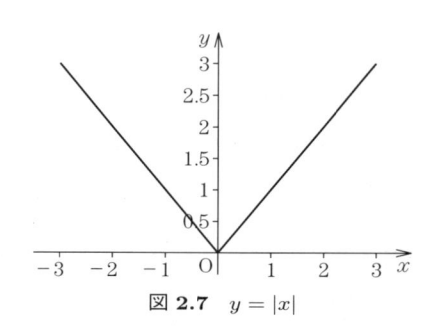

図 **2.6** $y = x^2$

図 **2.7** $y = |x|$

問 4. つぎの関数の最大値と最小値について調べよ．
(1) $y = -3x + 2$ $(-2 \leqq x \leqq 3)$ (2) $y = -3x + 2$ $(0 < x \leqq 4)$
(3) $y = -3x + 2$ $(0 \leqq x)$ (4) $y = x^2$ $(-1 \leqq x \leqq 2)$

例題 2.1 関数 $y = |x|$ のグラフを描け．この関数の最大値と最小値について調べよ．

【解答】 絶対値の定義から，$y = \begin{cases} x & (x \geqq 0) \\ -x & (x < 0) \end{cases}$.
 グラフは図 **2.7**．最大値は存在しないが，最小値は存在して 0 である． ◇

問 5. 関数 $y = |x - 1|$ のグラフを描け．

問　題　**2.1**

問 1. つぎの関数のグラフを描け．また，値域をいえ．
(1) $y = |x - 1| + 2$ (2) $y = -|x| + 1$
(3) $y = |x - 2| + 2|x|$ $(-1 \leqq x \leqq 2)$ (4) $y = |x| - |x - 1|$

問 2. $[x] = \{x$ を超えない最大整数$\}$ と定義する．
(1) $[2]$, $[2.5]$, $[-7.9]$, $\left[-\dfrac{4}{3}\right]$ の値を求めよ．
(2) 関数 $y = [x]$ のグラフを描け．

問 3. 点 $(x-1,\ x)$ が関数 $y = 2x - 3$ のグラフ上にあるように x の値を定めよ．

問 4. 関数 $y = ax + b$ $(1 \leq x \leq 5)$ の最大値が 3，最小値が -1 であるという．定数 a と b の値を求めよ．

2.2 グラフの移動

関数 $y = f(x)$ のグラフを変形することを考えよう．基本的な関数のグラフを押さえておくことにより，さまざまなグラフの描写が可能になる．この節で取り上げるのは，

(1) 座標軸（x 軸，y 軸）方向へのグラフの拡大，縮小
(2) 座標軸 x および y 方向へのグラフの平行移動
(3) グラフの対称移動

の 3 つの変形である．もちろん応用する際は，これらを同時に用いることもできる．以下，2 次関数を例に説明する．基になる関数は $y = x^2$，そのグラフは図 2.6 である．

2.2.1 座標軸方向へのグラフの拡大，縮小

まず，y 軸方向へのグラフの拡大，縮小から始める．$y = f(x)$ のグラフを x 軸を基にして，y 軸の方向に k 倍すると，グラフ上の点 $\mathrm{P}(x, f(x))$ は点 $\mathrm{Q}(x, kf(x))$ になる（図 **2.8**）．ゆえに，

定理 2.1 $y = f(x)$ のグラフの x 軸を基にして，y 軸方向 k 倍したグラフは，関数 $y = kf(x)$ のグラフになる．

特に，y 方向に，$k > 1$ のときは拡大，$k = 1$ のとき等身大，$k < 1$ のと

きは縮小したグラフになる．

問 6. 関数 $y = 2x + 1$ のグラフを x 軸を基に y 軸方向に k 倍したら $y = 6x + b$ になった．定数 k, b の値を求めよ．

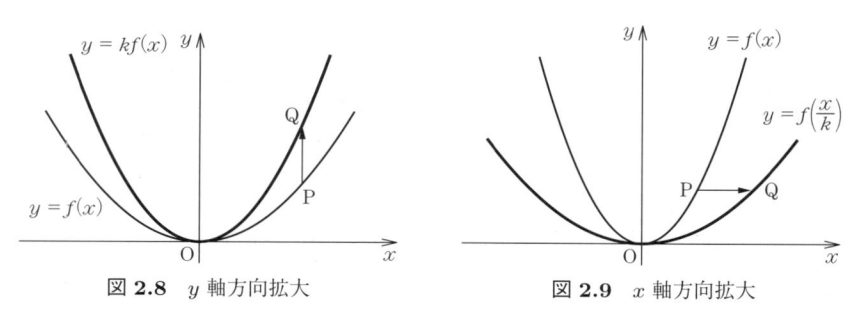

図 **2.8** y 軸方向拡大

図 **2.9** x 軸方向拡大

つぎに，x 方向へのグラフの拡大・収縮を考える．y 方向のときと比べ，少しだけ思考を必要とする．

$y = f(x)$ 上の点を y 軸を基に点 P を x 軸方向に k 倍した点を Q とする．Q の座標を (x, y) とすると，P の座標は $\left(\dfrac{x}{k}, y\right)$ となる．P は $y = f(x)$ 上の点なので，方程式 $y = f\left(\dfrac{x}{k}\right)$ を満たす（図 **2.9**）．

定理 2.2 $y = f(x)$ のグラフの y 軸を基にして，x 軸方向に k 倍したグラフは，関数 $y = f\left(\dfrac{x}{k}\right)$ のグラフになる．

問 7. 関数 $y = 3x$，および $y = 4x^2$ のグラフは $y = x$，および $y = x^2$ のグラフを y 軸を基に x 軸方向に何倍したものか．

2.2.2 座標軸方向へのグラフの平行移動

関数 $y = f(x)$ のグラフを，x 軸方向に p だけ平行移動したグラフを表す関数を求めよう．

$y = f(x)$ 上の点 P を x 軸方向に p だけ平行移動した点を Q(x, y) とする．P は Q を x 方向に p だけ引き戻した点になるので，P の座標は $(x - p, y)$ であ

る．Pが$y=f(x)$上の点なので，$y=f(x-p)$．したがって，

"関数$y=f(x)$のグラフを，x軸方向にpだけ平行移動したグラフを表す関数は$y=f(x-p)$である（図**2.10**）．"

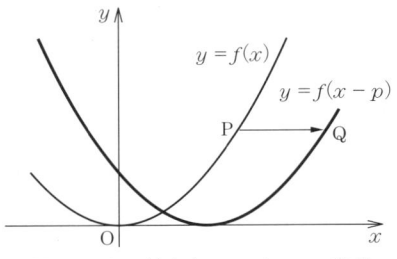

図**2.10** x軸方向へのグラフの移動

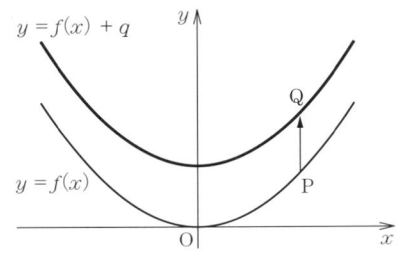

図**2.11** y軸方向へのグラフの移動

つぎに，y軸方向の平行移動を調べる．同じ考え方でもできるが，つぎのように考えたほうが早い．

関数$y=f(x)$のグラフを，y軸方向にqだけ平行移動するので，このグラフを表す関数は$y=f(x)+q$になる（図**2.11**）．

注意：yについての平行移動の結果と比較し，xの平行移動については一見逆の結論のように見えるかもしれない．しかし，式$y=f(x)+q$を$y-q=f(x)$と変形してみると，x軸方向についても，y軸方向についても同じタイプの結論が得られることがわかる．x軸方向にもy方向にも同時に平行移動する場合は，この形のほうがわかりやすいかもしれない．

定理 2.3 関数$y=f(x)$をx軸方向にpだけ平行移動，y軸方向にqだけ平行移動したグラフを表す関数はつぎの式で与えられる．

$$y - q = f(x - p)$$

例題 2.2 つぎの関数のグラフを描け．

(1) $y = -2(x-1)^2 + 4$ (2) $y = x^2 - 4x + 1$

【解答】

(1) $y=-2x^2$ のグラフを x 軸方向に 1，y 軸方向に 4 だけ平行移動したグラフである（図 **2.12**）．

(2) $y=(x-2)^2-3$ と変形できるので，$y=x^2-4x+1$ は $y=x^2$ のグラフを x 軸方向に 2，y 軸方向に -3 だけ平行移動したグラフである（図 **2.13**）．

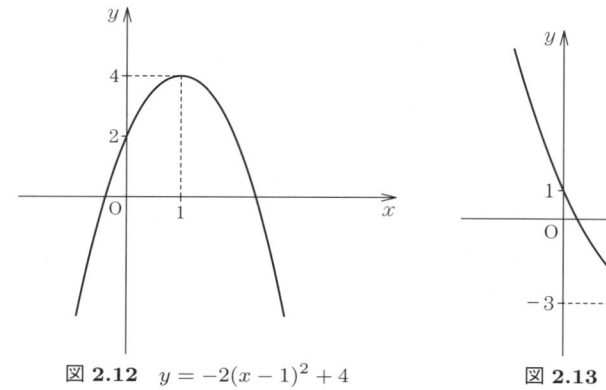

図 **2.12** $y=-2(x-1)^2+4$

図 **2.13** $y=x^2-4x+1$

◇

問 8. 放物線 $y=-2x^2$ を x 軸方向に 3，y 軸方向に -1 だけ平行移動して得られる放物線の方程式を求めよ．

問 9. つぎの関数について，軸と頂点を求め，そのグラフを描け．

(1) $y=x^2+2x+3$ (2) $y=-3x^2-6x$
(3) $y=\dfrac{1}{2}x^2-x-1$ (4) $y=(x+1)(x-5)$

2.2.3 グラフの対称移動

平面上，図形上の各点 P を，直線，あるいは点に関して，P と対称な位置に移すことを**対称移動**という．主として用いられる対称移動はつぎの 3 つである．

(1) **x 軸に関する対称移動**：点 $P(a, b)$ を点 $P'(a, -b)$ に移す移動．
(2) **y 軸に関する対称移動**：点 $P(a, b)$ を点 $P'(-a, b)$ に移す移動．
(3) **原点に関する対称移動**：点 $P(a, b)$ を点 $P'(-a, -b)$ に移す移動．

定理 2.4 関数 $y=f(x)$ のグラフの対称移動についてつぎが成り立つ．

2.2 グラフの移動

(1) x 軸に関して対称移動して得られる曲線の方程式は，$y = -f(x)$．
(2) y 軸に関して対称移動して得られる曲線の方程式は，$y = f(-x)$．
(3) 原点に関して対称移動して得られる曲線の方程式は，$y = -f(-x)$．

証明

(1) $y = f(x)$ 上の点 P を x 軸に関して対称移動した点を Q(x, y) とする．P と Q が x 軸について対称なので，P の座標は $(x, -y)$．P は $y = f(x)$ 上の点なので，$-y = f(x)$，すなわち $y = -f(x)$ が成り立つ（図 **2.14**）．

(2) $y = f(x)$ 上の点 P を y 軸に関して対称移動した点を Q(x, y) とする．P と Q が y 軸について対称なので，P の座標は $(-x, y)$．P は $y = f(x)$ 上の点であることから，$y = f(-x)$ が成り立つ（図 **2.15**）．

(3) $y = f(x)$ 上の点 P を原点に関して対称移動した点を Q(x, y) とする．P と Q が原点について対称なので，P の座標は $(-x, -y)$．P は $y = f(x)$ 上の点であることから，$-y = f(-x)$，ゆえに $y = -f(-x)$ が成り立つ（図 **2.16**）．

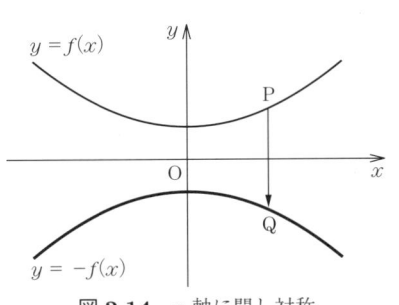

図 **2.14** x 軸に関し対称

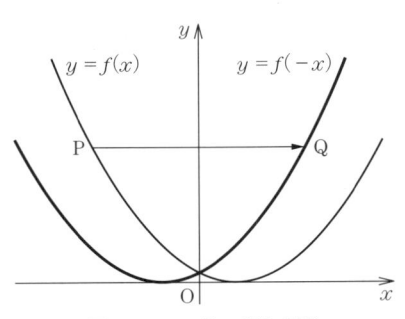

図 **2.15** y 軸に関し対称

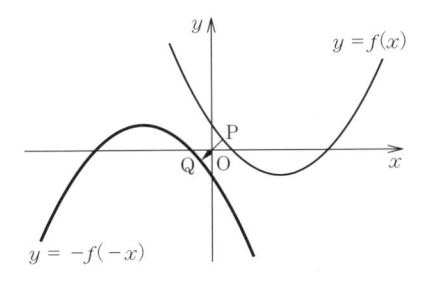

図 **2.16** 原点に関し対称

注意：$y = f(x)$ のグラフを，x 軸に関して対称移動してから，y 軸に関して対称移動すると，原点に関して対称移動したグラフが得られる．

問 10. つぎの関数について，x 軸に関し対称なグラフを表す関数，y 軸に関し対称なグラフを表す関数，原点に関し対称なグラフを表す関数をそれぞれ求めよ．
(1) $y = -x + 1$ (2) $y = x^2 + x - 1$

図形 S に対して，点 $P(a, b)$ が S に属せば，

(1) 点 $P'(a, -b)$ も S に属すとき，S は x **軸に関して対称**（図 2.17），

(2) 点 $P'(-a, b)$ も S に属すとき，S は y **軸に関して対称**（図 2.18），

(3) 点 $P'(-a, -b)$ も S に属すとき，S は**原点に関して対称**（図 2.19）

であるという．

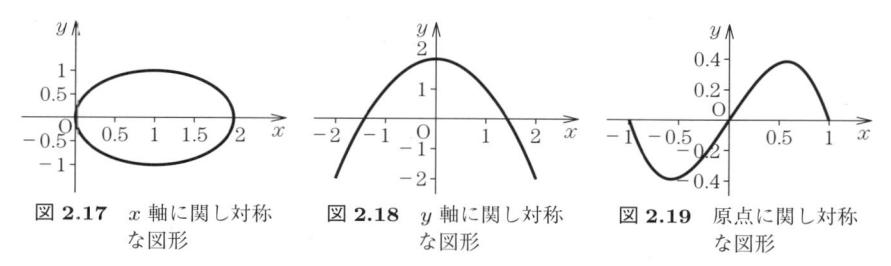

図 2.17　x 軸に関し対称な図形

図 2.18　y 軸に関し対称な図形

図 2.19　原点に関し対称な図形

問 11. つぎの図形は，上の 3 つの対称性のうちのどれをもつか．
(1) $y = 2x$ のグラフ (2) $y = x^2$ のグラフ (3) 原点を中心とした円

定義 2.1

(1) 関数 $y = f(x)$ のグラフが y 軸に関し対称のとき，$f(x)$ は**偶関数**という．

$$f(x) \text{ が偶関数} \iff f(-x) = f(x)$$

(2) 関数 $y = f(x)$ のグラフが原点に関し対称のとき，$f(x)$ は**奇関数**という．

$$f(x) \text{ が奇関数} \iff f(-x) = -f(x)$$

例 2.5 n が偶数のとき，x^n は偶関数，n が奇数のとき，x^n は奇関数である．また，関数 $|x|$ は，偶関数である．

<u>証明</u>　関数 $f(x)$ については，$(-x)^n = (-1)^n x^n$ と

$$(-1)^n = \begin{cases} 1 & (n：偶数) \\ -1 & (n：奇数) \end{cases}$$

よりわかる．$|x|$ が偶関数であることは，$|-x| = |x|$ よりわかる． □

問　題　2.2

問 1. つぎの関数のグラフを描け．
 (1)　$y = -2(x-1)^2$　　(2)　$y = (x+2)^2 - 4$
 (3)　$y = -3x^2 + 6x$　　(4)　$y = \dfrac{1}{2}x^2 - 2x + 4$

問 2. つぎの関数のグラフを描き，その値域を求めよ
 (1)　$y = -x^2 + 2x - 1 \quad (0 \leqq x \leqq 3)$
 (2)　$y = x(x+2) \quad (-2 \leqq x \leqq 1)$

問 3. 関数 $y = f(x)$ と $y = g(x)$ がある．$y = f(x)$ の定義域が，$-3 \leqq x \leqq 2$，値域が $0 \leqq y \leqq 5$ である．つぎの場合の，$y = g(x)$ の定義域と値域をいえ．
 (1)　$y = g(x)$ のグラフが $y = f(x)$ のグラフを x 軸方向に 2，y 軸方向に 4 だけ平行移動した場合．
 (2)　$y = g(x)$ のグラフが $y = f(x)$ のグラフを y 軸に関して対称移動して得られる場合．
 (3)　$y = g(x)$ のグラフが $y = f(x)$ のグラフを原点に関して対称移動して得られる場合．

問 4. 関数 $y = -2x^2 + 4x + 1$ のグラフを x 軸方向に p，y 軸方向に q だけ平行移動したとき，$y = kx^2$ のグラフになった．k, p, q の値を求めよ．

問 5. 関数 $y = x^2 + 8x - 5$ をどのように y 軸方向に平行移動すると x 軸に接することができるか．

2.3 合成関数

関数 $y = (2x+3)^4$ を考える．$u = 2x+3$ とおくと，$y = u^4$ と表せる．すなわち，

$$y = (2x+3)^4 \iff y = u^4, \ u = 2x+3$$

右辺の2つの関数はどちらも簡単な式で考えやすい．このように，複雑な関数を基本的な関数の合成として表すことが数学ではいろいろな場面で有効である．

一般に，2つの関数 $u = f(x)$ と $y = g(u)$ があり，$u = f(x)$ の値域が $g(u)$ の定義域に含まれるとき，$g(u)$ に $u = f(x)$ を代入することにより，$y = g(f(x))$ となり y は x の関数として表せる．この関数を $f(x)$ と $g(u)$ の**合成関数**といい，$y = (g \circ f)(x)$ などと書く．

例 2.6

(1) $f(x) = x+3$, $g(x) = x^2$ のとき，$(g \circ f)(x) = g(f(x)) = (x+3)^2$, $(f \circ g)(x) = f(g(x)) = x^2 + 3$.

(2) $f(x) = \dfrac{1}{x-1}$, $g(x) = 1$ のとき，$(g \circ f)(x) = g(f(x)) = 1$. しかし，$f(g(x)) = f(1)$ は定義できないので，$(f \circ g)(x)$ は存在しない．

一般に，$g \circ f$ と $f \circ g$ とは異なる．また，その一方が定義できても一方が定義されない場合もある．

問 12. $f(x) = 2x+3$, $g(x) = 3x-2$ のとき，$(g \circ f)(x)$, $(f \circ g)(x)$ を求めよ．

問 13. $f(x) = x+2$, $g(x) = \dfrac{2}{x}$ のとき，$(g \circ f)(x)$, $(f \circ g)(x)$ を求めよ．また，それらの定義域をいえ．

関数のグラフの平行移動などについて，合成関数の概念を用いて説明できる．

例えば，関数 $y = f(x)$ のグラフを x 軸方向に p だけ平行移動したグラフを表す関数 $y = g(x)$ がどのような合成関数で表せるか考えてみよう．

$y = g(x)$ 上の点を $Q(x, y)$ とおく．y 座標はそのままにして，x 座標を x 方向に p だけ引き戻した点を $P(x-p, y)$ とすると，P は $y = f(x)$ のグラフ上の点なので，$y = f(x-p)$ と書けるのであった．ここで，x 座標を x 方向に p だけ引き戻すという操作，すなわち関数を $u = x - p$ とおくと，関数 $y = f(x-p)$ は 2 つの関数 $u = x - p$ と $y = f(u)$ を合成して得られることになる．

$$y = g(x) \iff y = f(u),\ u = x - p \quad \text{との合成}$$

同様に，関数 $y = f(x)$ のグラフを y 軸方向に q だけ平行移動したグラフを表す関数 $y = h(x)$ については，

$$y = h(x) \iff y = u + q,\ u = f(x) \quad \text{との合成}$$

このように合成関数ととらえる見方により，より一般的な立場からの考察が可能になる．

問 14. 関数 $y = f(x)$ のグラフにつぎのような変形を行うと，新しいグラフを表す関数 $y = g(x)$ はどのような 2 つの関数の合成関数として表せるか．
 (1) y 軸を基にして，x 軸方向に k 倍拡張　(2) y 軸に関しての対称移動

問　題　2.3

問 1. つぎの関数 $f(x),\ g(x)$ について，合成関数 $(g \circ f)(x),\ (f \circ g)(x)$ を求めよ．
 (1) $f(x) = 2x - 3,\ g(x) = x - 1$
 (2) $f(x) = x - 1,\ g(x) = x^2 - 4x + 3$
 (3) $f(x) = \sqrt{x},\ g(x) = |x|$

問 2. 実数全体で定義された関数 $f(x)$ で，$(f \circ f)(x) = f(x)$ を満たす例を 3 つ挙げよ．

問 3. $f(x) = x + 1$ と $g(x) = ax + b$ の合成関数 $f \circ g$ と $g \circ f$ が一致するときの定数 $a,\ b$ の条件を求めよ．

2.4　分数関数とそのグラフ

x についての分数式で表せられる関数を x の **分数関数** という．すなわち，

$$\frac{整式}{1 次以上の整式} = 分数式.$$

数式で表される関数の定義域は，特に断わりがないかぎり，その数式が意味をもつ範囲とするので，分数関数の定義域は分母を 0 にしない x の値全体である．

例 2.7　x と y がたがいに反比例の関係を表す関数 $y = \dfrac{1}{x}$ は最も簡単な形の分数関数である．$y = \dfrac{2x+1}{x-1}$, $y = \dfrac{x^2+1}{x+1}$ なども分数関数である．
$\dfrac{1}{x}$ の定義域は $x \neq 0$, $\dfrac{2x+1}{x-1}$ の定義域は $x \neq 1$, $\dfrac{x^2+1}{x+1}$ の定義域は $x \neq -1$.

関数 $y = \dfrac{k}{x}$ (k：定数) のグラフを描いてみよう．
$xy = k$ が成り立つので，

$$k > 0 \text{ のとき}, y = \frac{k}{x} \text{ のグラフは第 1 象限と第 3 象限にある}$$

$$k < 0 \text{ のとき}, y = \frac{k}{x} \text{ のグラフは第 2 象限と第 4 象限にある}$$

また，$f(x) = \dfrac{k}{x}$ とおくと，$f(-x) = -f(x)$ が成り立つので，関数 $y = \dfrac{k}{x}$ は奇関数，すなわちグラフは原点に関して点対称である．

$|x|$ が限りなく大きくなるとき，$y = \dfrac{k}{x}$ のグラフは直線 $y = 0$ に限りなく近づく．また，$|y|$ が限りなく大きくなるとき，$y = \dfrac{k}{x}$ のグラフは直線 $x = 0$ に限りなく近づく．

一般に，グラフが一定の直線 l に限りなく近づくとき，l はそのグラフの **漸近線** であるという．

したがって，x 軸と y 軸は $y = \dfrac{k}{x}$ のグラフの漸近線になる．

以上を考慮しながら $k = \pm 2$ のときのグラフを描いてみると図 **2.20**, 図 **2.21** のグラフのようになる.

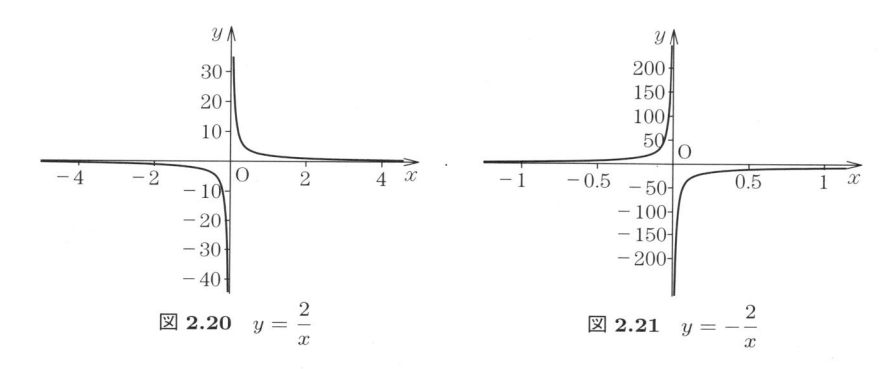

図 **2.20** $y = \dfrac{2}{x}$

図 **2.21** $y = -\dfrac{2}{x}$

一般に，平面上で，2 定点 F, F' からの距離の差 r が一定である点 P の軌跡を**双曲線**といい，定点 F, F' を双曲線の**焦点**という．ここで，r は長さ FF' より小さいものとする．少し計算すれば，つぎの定理を示すことができる．

定理 2.5 関数 $y = \dfrac{k}{x}$ のグラフは，$k > 0$ のとき，定点 $\mathrm{F}(-\sqrt{2k}, -\sqrt{2k})$, $\mathrm{F}'(\sqrt{2k}, \sqrt{2k})$, $k < 0$ のとき，定点 $\mathrm{F}(-\sqrt{2|k|}, \sqrt{2|k|})$, $\mathrm{F}'(\sqrt{2|k|}, -\sqrt{2|k|})$ を焦点とする双曲線になる $(r = 2\sqrt{2|k|})$.

問 15. $X = x + y$, $Y = x - y$ とおくとき，$y = \dfrac{k}{x}$ は変数 X, Y に対してどのような形で表せるか．

双曲線 C はちょうど 2 つの漸近線をもつことが知られているが，特にこの 2 つが直交するとき C を**直交双曲線**という．曲線 $y = \dfrac{k}{x}$ は $x = 0$, $y = 0$ を漸近線にもつので直交双曲線である．

2.2 節の結果の応用として，

$$y = \dfrac{k}{x - p} + q \quad (k,\ p,\ q : 定数) \tag{2.1}$$

の形をした分数関数のグラフを描いてみよう．2.2 節で調べたことにより，関数 (2.1) のグラフは，

$$y = \frac{k}{x} \text{ を } x \text{ 方向に } p, y \text{ 方向に } q \text{ だけ平行移動}$$

したものである．特に，この場合に直線 $x = p$ と直線 $y = q$ が漸近線になる．

一般に，$y = \dfrac{ax+b}{cx+d}$ $(a, b, c, d : 定数, c \neq 0)$ の形をした分数関数は式 (2.1) の形に変形できる (問題 2.4 問 3) ので，そのグラフを描くことができる．

例題 2.3 つぎのグラフを描け．
 (1) $y = -\dfrac{2}{x-3} + 1$ (2) $y = \dfrac{2x-1}{x-1}$.

【解答】
(1) $y = -\dfrac{2}{x}$ のグラフを x 方向に 3, y 方向に 1 だけ平行移動したもの (図 **2.22**).

(2) $2x - 1 = 2(x-1) + 1$ と表せるので，$y = \dfrac{2(x-1)+1}{x-1} = 2 + \dfrac{1}{x-1} = \dfrac{1}{x-1} + 2$. したがって，$y = \dfrac{1}{x}$ のグラフを x 方向に 1, y 方向に 2 だけ平行移動したものが $y = \dfrac{2x-1}{x-1}$ のグラフになる (図 **2.23**). ◇

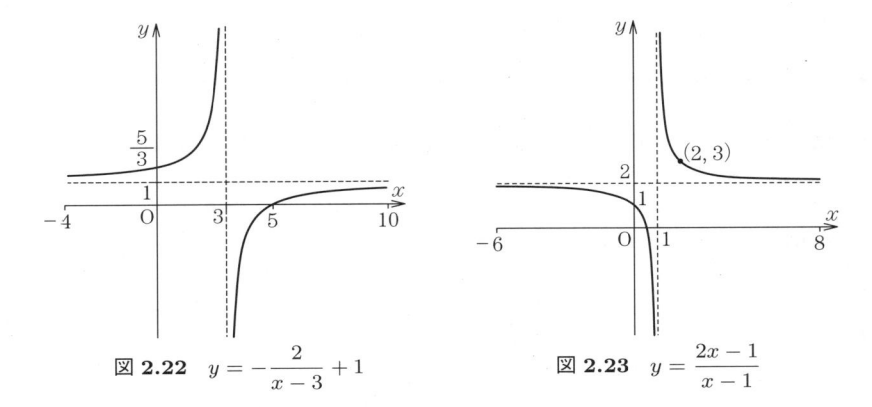

図 **2.22** $y = -\dfrac{2}{x-3} + 1$

図 **2.23** $y = \dfrac{2x-1}{x-1}$

問 16. $cx + d \neq 0$ となるすべての x に対し，$\dfrac{ax+b}{cx+d} = x$ が成り立つような定数 a, b, c, d を求めよ．

問　題　2.4

問 1. つぎのグラフを描け．
(1) $y = \dfrac{2x-1}{x}$
(2) $y = \dfrac{x}{x-2}$
(3) $y = \dfrac{x-2}{x+1}$
(4) $y = \dfrac{1-x}{2x-1}$

問 2. $y = \dfrac{x^2+1}{x+1}$ に対して，つぎの問に答えよ．
(1) $y = ax + b + \dfrac{k}{x+1}$ の形に変形せよ (a, b, k は定数)．
(2) $y = \dfrac{x^2+1}{x+1}$ の漸近線を求めよ．
(3) $y = \dfrac{x^2+1}{x+1}$ のグラフの概略を描いてみよ．

問 3. $\dfrac{ax+b}{cx+d}$ (a, b, c, d：定数，$c \neq 0$) を $\dfrac{ax+b}{cx+d} = \dfrac{k}{x-p} + q$ と変形したときの定数 k, p, q の値を a, b, c, d を用いて表し，$\dfrac{ax+b}{cx+d}$ の漸近線を求めよ．

2.5　逆関数とそのグラフ

つぎの節の準備を兼ね，逆関数について調べる．

関数 $y = f(x)$ に対し，y の値を定めると，x の値がただ 1 つ定まるとき，x は y の関数と考えることができるが，これを $y = f(x)$ の**逆関数**といい，$x = f^{-1}(y)$ と書く．数学では読み手との意思の疎通を図るため，独立変数には x，従属変数には y を書くことが多い．この場合も，x と y の文字を入れ替え，$x = f^{-1}(y)$ の代わりに，$y = f^{-1}(x)$ と表すことが多い．このように書いたとき，

$$y = f^{-1}(x) \iff x = f(y)$$

例 2.8　$y = \dfrac{1}{x+2}$ の場合．

x について解くと，$x = \dfrac{1-2y}{y}$．x と y の文字を入れ替え，$y = \dfrac{1-2x}{x}$．

問 17. つぎの関数の逆関数を求めよ．

   (1)　$y = 2x$　　(2)　$y = 3x - 7$

$y = f(x)$ の逆関数の求め方の手順をまとめておくと，

1)　$y = f(x)$ を変数 x について解き，$x = g(y)$ の形に書く．
2)　x と y の文字を入れ換える：$y = g(x)$．$g(x)$ が求める逆関数．

逆関数はいつも存在するとはかぎらない．例えば，2 次関数 $y = x^2$ は，正数 y に対し，$y = x^2$ を満たす x は $\sqrt{y}$ と $-\sqrt{y}$ があるので，このままでは y から x が一意に定まらない．では，どのようなとき，逆関数は存在するのだろうか．これを見るため，単調関数の概念を導入しておこう．

定義 2.2　（**単調な関数**）　関数 $y = f(x)$ は定義域内の 2 つの実数 x_1, x_2 について

$$x_1 < x_2 \iff f(x_1) < f(x_2)$$

が成り立つとき，**単調増加**な関数であるという．同様に，定義域内の 2 つの実数 x_1, x_2 について

$$x_1 < x_2 \iff f(x_1) > f(x_2)$$

が成り立つとき，**単調減少**な関数であるという．

関数 $f(x)$ が単調増加か単調減少のとき，$f(x)$ は**単調関数**という．

例えば，関数 $f(x) = x^n$ については n が奇数のときはつねに単調増加，また n が偶数ならば，$x \geqq 0$ の範囲で $f(x)$ はやはり単調増加な関数になる．

f が単調関数のとき，f の値域 J に属する各 y に対し，$y = f(x)$ を満たす x はただ 1 つしか存在しないことに注意しよう．x はもちろん f の定義域に属する数である．そこで，J に属する数 y に対し，$g(y) = x$ により，関数 g を定義する．g の定め方により，g の定義域は J，値域は I に一致し，f と g はたがいに逆関数になる．したがって，つぎの定理が成り立つ．

2.5 逆関数とそのグラフ

定理 2.6 (逆関数の存在)　定義域を I, 値域を J としてもつ関数 $y = f(x)$ が単調な関数であるとする．そのとき，$y = f(x)$ の逆関数 $y = f^{-1}(x)$ が存在して，その定義域は J, 値域は I である．

逆関数は，重要な例として，指数関数や三角関数から逆関数をつくる操作がある．それは単に $y = f(x)$ に対し，x を y で表示するということだけでなく，思わぬ局面に現われ，重要な役割を果たすことがある．

定理 2.7 (逆関数のグラフ)　関数 $y = f(x)$ が逆関数 $y = f^{-1}(x)$ をもつとき，$y = f(x)$ のグラフと $y = f^{-1}(x)$ のグラフは直線 $y = x$ に関して対称である（図 **2.24**）．

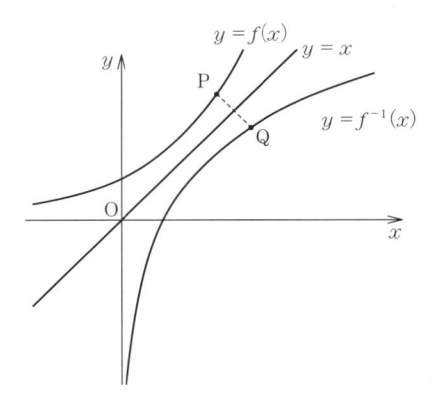

図 **2.24**　逆関数

証明　まず，『平面上の 2 点 $A(a, b)$ と $B(b, a)$ は直線 $y = x$ に関して対称である』ことに注意しよう．実際，2 点 A, B の中点の座標は $\left(\dfrac{a+b}{2}, \dfrac{a+b}{2} \right)$ で，中点は直線 $y = x$ 上の点である．また，線分 AB の傾きは $\dfrac{b-a}{a-b} = -1$ となり，直線 $y = x$ に直交する．したがって 2 点 A, B は直線 $y = x$ に関して対称となる．

いま，点 $P(a, b)$ を関数 $y = f(x)$ のグラフ上の任意の点とする．a と b が $f(a) = b$ を満たすので，逆関数の定義より $f^{-1}(b) = a$ が成り立ち，点 $Q(b, a)$

は関数 $y = g^{-1}(x)$ のグラフ上の点である．P は $y = f(x)$ のグラフ上の任意の点，したがって，Q は $y = f^{-1}(x)$ のグラフ上の任意の点なので，P と Q が直線 $y = x$ に関し対称であることから，$y = f(x)$ のグラフと $y = f^{-1}(x)$ のグラフは直線 $y = x$ に関して対称である． □

問 18. 関数 $y = 2x - 2$ の逆関数を求めよ．またそのグラフを描け．

問　題　2.5

問 1. つぎの関数の逆関数を求めよ．
(1)　$y = 8x + 2$　(2)　$y = x^2 + 2x\ (x \geq 0)$　(3)　$y = \dfrac{1}{x}$　(4)　$y = \dfrac{x+2}{x-1}$

問 2. $f(x) = 3x + 2,\ (g \circ f)(x) = 21x + 20$ のとき，関数 $g(x)$ を求めよ．

問 3. 1 次関数 $f(x) = ax + b$ が，$f = f^{-1}$ を満たすための定数 a, b の条件を求めよ．

2.6　無理関数とそのグラフ

根号（$\sqrt{}$，$\sqrt[3]{}$ など）の中に文字を含む式を**無理式**という．また，x について無理式で表せられる関数を x の**無理関数**という．

例 2.9　(無理関数の例)　$y = \sqrt{x},\quad y = -\sqrt{x-2},\quad y = \sqrt[3]{1 - x^2}$

例 2.10　振り子の運動を考える．振り子の周期 T 秒は，紐の長さが l（メートル）のみで定まり，$T = 2\pi\sqrt{\dfrac{l}{g}}$ であることが知られている．ただし，g は重力定数と呼ばれる定数で，その値は約 9.8 である．したがって，T は l の無理関数になる．$T = 2\pi\sqrt{\dfrac{l}{g}}$ という式もガリレオの発見による．例えば，紐の長さが 1 メートルのとき，周期はおよそ 2 秒である．

関数の定義域とはその式が意味をもつ範囲であった．したがって，無理関数

2.6 無理関数とそのグラフ

の場合，その定義域は，『根号の中が0以上となる x の値全体』になる．

例 2.11 関数 $y = \sqrt{x}$ の定義域は $x \geqq 0$．また，関数 $y = -\sqrt{x-2}$ の定義域は $x - 2 \geqq 0$，すなわち $x \geqq 2$ である．

この節では，以下，$y = \sqrt{ax+b}$ （a, b：定数）の形の無理関数を考え，そのグラフを描いてみよう．2.5節の結果を用いる．

最も基本となる $y = \sqrt{x}$ のグラフから始める．根号についての約束から，

$$y = \sqrt{x} \iff x = y^2 \ (y \geqq 0)$$

が成り立つ．したがって，$y = \sqrt{x}$ の逆関数は $x = y^2 \ (y \geqq 0)$ で x と y を入れ替えた式：

$$y = x^2 \quad (x \geqq 0)$$

になる．このことから，定理2.7より，$y = \sqrt{x}$ のグラフが描ける（図**2.25**）．

つぎに，$y = \sqrt{x}$ から，$y = \sqrt{-x}$ のグラフを描いてみよう．$f(x) = \sqrt{x}$ とおくと，$\sqrt{-x} = f(-x)$ となるので，定理2.4より，$y = \sqrt{-x}$ のグラフは，$y = \sqrt{x}$ のグラフと y 軸に関して対称になる（図2.25, 図**2.26**）．

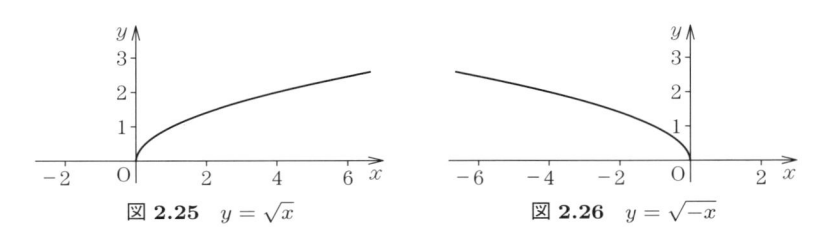

図 **2.25** $y = \sqrt{x}$ 　　　図 **2.26** $y = \sqrt{-x}$

2.2節の結果を利用して，上の2つのグラフからさまざまなグラフが描ける．

例題 2.4 つぎのグラフを描け．
 (1) $y = \sqrt{2x}$　　(2) $y = \sqrt{1-x}$　　(3) $y = \sqrt{2x-4}$

【解答】
(1) $y = \sqrt{2x} = \sqrt{2}\sqrt{x}$ なので，$y = \sqrt{x}$ のグラフを y 軸方向に $\sqrt{2}$ 倍したもの（図 **2.27**）．
(2) $\sqrt{1-x} = \sqrt{-(x-1)}$ と書けるので，$y = \sqrt{-x}$ のグラフを x 軸方向に 1 だけ平行移動したものになる（図 **2.28**）．
(3) $\sqrt{2x-4} = \sqrt{2(x-2)}$ となるので，$y = \sqrt{2x}$ のグラフを x 軸方向に 2 だけ平行移動したものになる（図 **2.29**）．

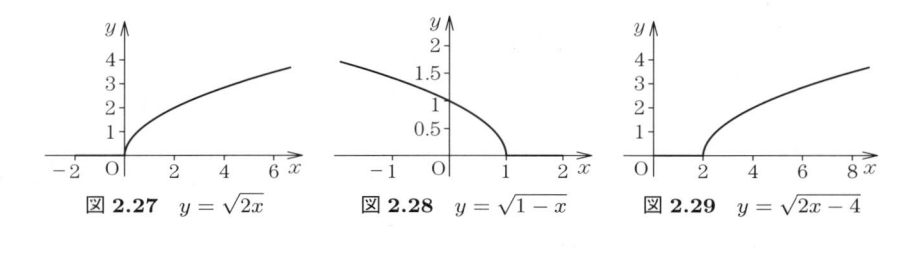

図 **2.27** $y = \sqrt{2x}$ 図 **2.28** $y = \sqrt{1-x}$ 図 **2.29** $y = \sqrt{2x-4}$

◇

より一般の無理関数のグラフについては，練習問題にまわすことにする．

問 19. つぎの関数のグラフの概略を描け．
(1) $y = \sqrt{ax}$ $(a \neq 0)$ (2) $y = \sqrt{ax+b}$ $(a > 0, b > 0)$

無理関数の方程式や不等式の問題をグラフを利用し解いてみよう．

例題 2.5 無理関数 $y = \sqrt{x+3}$ のグラフと直線 $y = x+1$ の共有点の座標を求めよ．

【解答】 $\sqrt{x+3} = x+1$ とおいて，両辺を 2 乗すると，$x+3 = (x+1)^2$．整理すると，$x^2 + x - 2 = 0$ となり，これを解くと，$(x+2)(x-1) = 0$ より，$x = -2, 1$．$x = -2$ のとき，左辺 $= 1$，右辺 $= -1$ となり不適．$x = 1$ のとき，左辺 $= \sqrt{4} = 2$，右辺 $= 2$ となるので，$\sqrt{x+3} = x+1$ を満たし，このとき $y = 2$ となる．したがって，共有点の座標は $(1, 2)$． ◇

注意： 式の同値変形だけから解を求めようとすると，
$$\sqrt{x+3} = x+1 \iff x+3 = (x+1)^2 \quad (x+1 \geq 0)$$
$$\iff x^2 + x - 2 = 0 \quad (x \geq -1) \iff (x+2)(x-1) = 0 \quad (x \geq -1)$$

$\iff x = 1$

問 20. 連立方程式 $y = \sqrt{x+6}$, $y = x$ を解け．

問　題　2.6

問 1. $x \geqq 0$ で定義された関数 $y = x^2 - 1$ の逆関数を求め，そのグラフを描け．
問 2. つぎの関数のグラフを描け．(1) $y = \sqrt{-3x}$　(2) $y = -\sqrt{x-1}$
問 3. 不等式 $\sqrt{2x+4} > x$ を解け．

章　末　問　題

【1】 つぎの関数のうち，$y = x^2$ のグラフを x 軸方向への平行移動，y 軸方向への平行移動，x 軸に関する対称移動，y 軸に関する対称移動をどのように繰り返し用いても，そのグラフにならないものが1つある．その関数を挙げよ．またその理由を記せ．
 (1)　$y = -x^2 + 1$　　(2)　$y = x^2 + 2x$　　(3)　$y = x^2 + x$
 (4)　$y = x^2 - 2x + 1$　(5)　$y = 3x^2 + 1$　(6)　$y = x^2 - x + 1$

【2】 関数 $y = \dfrac{3-x}{x-1}$ のグラフを x 軸方向へ p, y 軸方向へ q だけ平行移動して関数 $y = \dfrac{4x+10}{x+2}$ のグラフになった．定数 p, q の値を求めよ．

【3】 $a, b\ (a \neq 0)$ を定数とする．関数 $f(x) = ax^2 + b\ (x \geqq 0)$ の逆関数 $g(x)$ の定義域は $x \geqq 1$ で，$f(2) = g(2)$ である．$f(x)$ を求めよ．

【4】 関数 $y = \sqrt{2x+3}$ のグラフと直線 $y = x + k$ の交点の数を求めよ．

【5】 関数 $y = \sqrt{4 - x^2}$ についてつぎの問に答えよ．
 (1) 定義域と値域を求めよ．
 (2) この関数のグラフを描け．
 (3) 不等式 $y = \sqrt{4 - x^2} > x$ を解け．

【6】 関数 $f(x)$ に対して，$f_2(x) = (f \circ f)(x)$, $f_3(x) = (f \circ f_2)(x)$, $\cdots$, $f_n(x) = (f \circ f_{n-1})(x)$ により，関数 $f_n(x)$ を定義する．$f(x)$ がつぎの式で与えられたときの，$f_n(x)$ を求めよ．
 (1)　$f(x) = 3x$　　(2)　$f(x) = 2x + 1$

3 三角関数

3.1 三角比

三角関数を考える出発点として，三角比の復習をしておこう．
角の大きさ θ は，まず $0° < \theta < 90°$ で考える（図 **3.1**）．

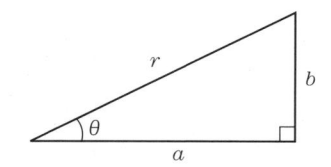

$$\sin\theta = \frac{b}{r}, \quad \cos\theta = \frac{a}{r}, \quad \tan\theta = \frac{b}{a}$$

（サイン θ）　（コサイン θ）（タンジェント θ）

図 **3.1** 三角比

tan は傾きを表していることに注意する．三角比は，測量学や天文学などへの応用を目的に，古代エジプト以来，発展してきたものである．ここでは，木の高さや，川の幅を知りたいが，直接測ることが困難だ，というような場合を考えてみよう．各 θ に対し，三角比の値 $\sin\theta$，$\cos\theta$，$\tan\theta$ はあらかじめわかっているものとする．

（1）木の高さ h． 図 **3.2** のように，点 A, B, C を定める．もし AB $= r$ と $\angle$BAC $= \theta$ の値が測量できれば，木の高さを h として $\dfrac{h}{r} = \tan\theta$ なので，$h = r\tan\theta$ より h の高さがわかる．

図 3.2 木の高さを測る

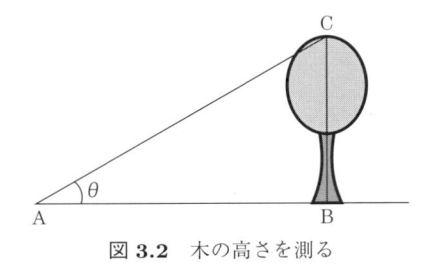

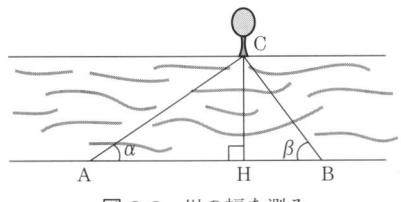

図 3.3 川の幅を測る

（2）**川の幅 w.** 図 3.3 のように，点 A, B, C, H を定める．もし，AB 間の距離 r と $\angle BAC = \alpha$ と $\angle ABC = \beta$ が計測できれば，AH $= x$, HC $= w$ とおくことにより，

$$\frac{w}{x} = \tan\alpha, \quad \frac{w}{r-x} = \tan\beta$$

が成り立つ．これを，$x = \dfrac{w}{\tan\alpha}$, $r - x = \dfrac{w}{\tan\beta}$ と変形し，x を消去すると，$r = w\left(\dfrac{1}{\tan\alpha} + \dfrac{1}{\tan\beta}\right)$ となり，川幅 w が求まる．

この方法は，地球が太陽のまわりを公転していることを利用して，ある天体と地球の距離を測りたいという場合などに用いられる（図 3.4）．

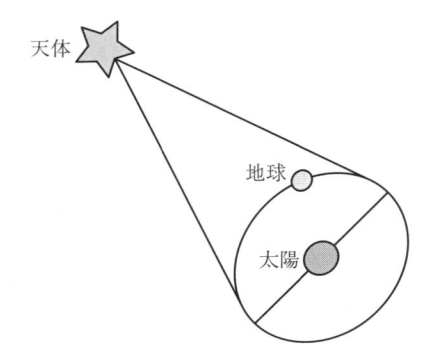

図 3.4 星との距離を測る

三角形についての公式をまとめておこう．

定理 3.1 図 3.5 の三角形 ABC についてつぎの式が成り立つ．

(1) **正弦定理.** 三角形 ABC の外接円の半径を R とすると，

$$\frac{a}{\sin A} = \frac{b}{\sin B} = \frac{c}{\sin C} = 2R.$$

(2) **余弦定理.**

$$\begin{cases} b^2 + c^2 - 2bc\cos A = a^2 \\ c^2 + a^2 - 2ca\cos B = b^2 \\ a^2 + b^2 - 2ab\cos C = c^2 \end{cases}$$

(3) 三角形 ABC の面積を S とすると，

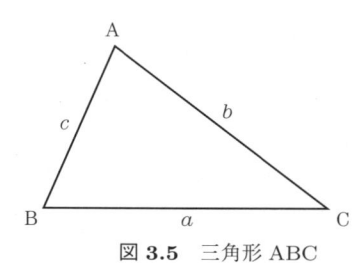

$$S = \frac{bc}{2}\sin A = \frac{ca}{2}\sin B = \frac{ab}{2}\sin C$$

図 3.5 三角形 ABC

注意：上の定理は $\theta = \angle A, \angle B, \angle C$ が $0° < \theta < 180°$ の範囲のときも成立する．(90° 以上の三角比の定義については 3.3 節を参照.)

問 1. 図 3.6，図 3.7 を参考に，内角 $0° < A < 90°$ のときに，定理 3.1(1) $\dfrac{a}{\sin A} = 2R$.，および (3) $S = \dfrac{bc}{2}\sin A$ を証明せよ．証明を考えればわかるように，正弦定理は円周角の定理の言い換えとみることができる．

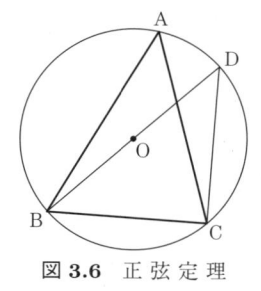

図 3.6 正弦定理   図 3.7 三角形の面積

内角 $\angle A, \angle B, \angle C$ が $90°$ を超える場合は，定理 3.6 の補角公式が必要にな

る．証明については問題 3.4 問 3. を参照のこと．なお，余弦定理の証明については，例題 1.6 を参照せよ．

　三角比の値はすでに計算されていて，「三角比の表」というのも存在する．特に角が $30°, 45°, 60°$ の場合は正三角形や直角 2 等辺三角形の辺の比を調べることにより三角比が簡単にわかる（図 3.8～図 3.10）．

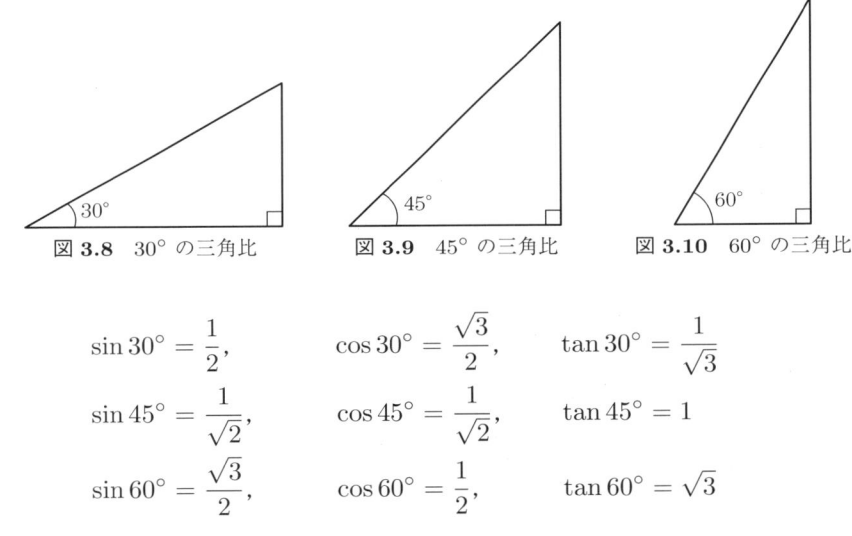

図 3.8　$30°$ の三角比　　　図 3.9　$45°$ の三角比　　　図 3.10　$60°$ の三角比

$$\sin 30° = \frac{1}{2}, \qquad \cos 30° = \frac{\sqrt{3}}{2}, \qquad \tan 30° = \frac{1}{\sqrt{3}}$$

$$\sin 45° = \frac{1}{\sqrt{2}}, \qquad \cos 45° = \frac{1}{\sqrt{2}}, \qquad \tan 45° = 1$$

$$\sin 60° = \frac{\sqrt{3}}{2}, \qquad \cos 60° = \frac{1}{2}, \qquad \tan 60° = \sqrt{3}$$

　17 世紀にニュートン (英) とライプニッツ (独) により微積分学の理論が構築され，それとともに，三角比も三角関数の名の下に翼を広げ，新たな展開を遂げることになる．三角関数の値自身も，微分学により，精度の高い値を求めることがとても容易になっている．

問　題　3.1

問 1. $\sin\theta$，または $\cos\theta$ $(0° < \theta < 90°)$ がつぎの等式を満たすとき，$\tan\theta$ の値を求めよ．
　　(1)　$\sin\theta = \dfrac{3}{5}$　　(2)　$\cos\theta = \dfrac{5}{13}$　　(3)　$\sin\theta = \dfrac{1}{3}$

問 2. 三角形 ABC において，AB $= 5$，$\angle$C $= 45°$ のとき，外接円の半径 R を求めよ．

問 3. 三角形 ABC において，AB = 3，BC = 5，∠B = 60° のとき，AC の長さを求めよ．

問 4. 三角形 ABC において，AB = 3，BC = $\sqrt{7}$，CA = 2 のとき，∠A の大きさを求めよ．

問 5. 三角形 ABC において，∠A = 75°，∠B = 60°，AB = 1 のとき，AC，BC の値を求めよ．またこのことを利用し，$\sin 75°$ の値を求めよ．

問 6. 木の高さを測りたい．図 **3.11** で，点 A から点 D までの距離は 5 m，∠BAC = 30°，∠BDC = 45° であった．木の高さを求めよ．

問 7. 一辺が 1 の正八角形の面積を求めよ（図 **3.12**）．

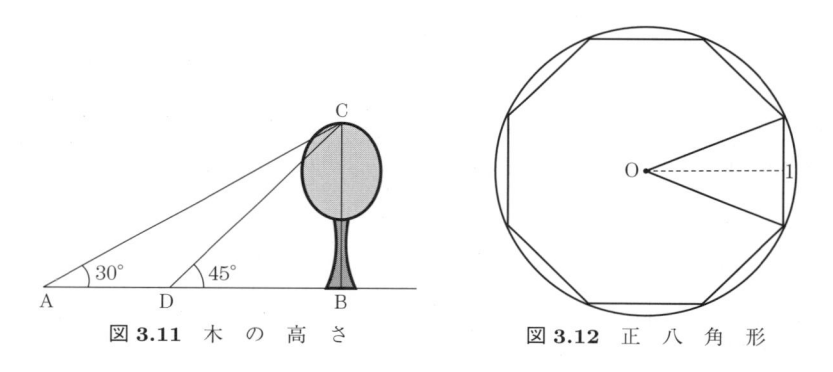

図 **3.11** 木の高さ　　　図 **3.12** 正八角形

3.2　一般角と弧度法

三角関数を定義する準備として，角について少し詳しく見ておく．

3.2.1　一般角

図形として，角度 θ を考えるとき，θ は $0° \leqq \theta < 360$ の範囲で考えれば十分である．しかし，図 **3.13** のような半直線 OP が原点を中心に回転運動をしているような場合，θ が 360° に達したとき，再び 0° に戻って測り直すのは，ときとしてとても不便である（例えば，微分積分学では関数の値が連続的に動かないとその関数を微分することができない）．また，半直線が左回りに回転するか，右回りに回転するかも必要になる場合があるだろう．産業の発達，それに

3.2 一般角と弧度法

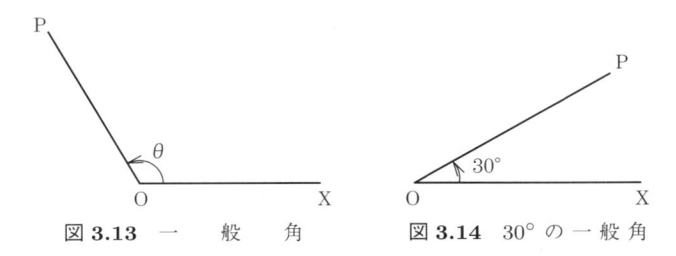

図 3.13 一般角　　**図 3.14** 30°の一般角

伴う理工学への応用もあり，こうして一般角の概念が導入されるようになった．

平面上，固定した点 O から基準となる半直線 OX を**始線**，O のまわりを回転し得る半直線 OP を**動径**という．

このように拡張した角を**一般角**という．

反時計回りの回転を**正の向き**の回転，時計回りの回転を**負の向き**の回転という．また，正の向きの回転の角を**正の角**，負の向きの回転の角を**負の角**という．

1 つの動径 OP が指定されたとき，動径の位置がそれと一致するすべての回転角を，**動径 OP の表す角**という．動径は 360°回転すると元の位置に戻るので，図 3.13 の場合，動径 OP の表す角は，つぎのように表せる．

$$\theta + 360° \times n \quad (n：整数)$$

例 3.1　図 3.14 の場合動径 OP の表す角は，

$$30° + 360° \times n \quad (n：整数)$$

である．

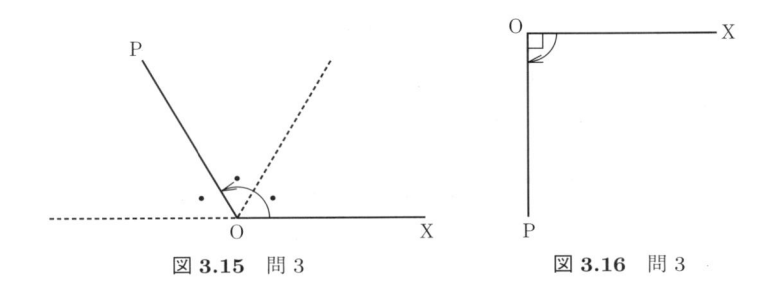

図 3.15 問 3　　**図 3.16** 問 3

問 2. つぎの角の動径を図示せよ．
   (1) $135°$ (2) $240°$ (3) $-45°$ (4) $-180°$

問 3. 図 **3.15**，図 **3.16** の動径を表す角をいえ．

3.2.2 弧　度　法

小学校以来，角を測るのに，1 周の角 $= 360°$ を基準とする **60 分法** が用いられてきた．しかし，微分法や積分法を勉強し始めると，例えば，$\dfrac{\sin x}{x}$ のように，角 x が sin や cos が付かずに直接式に現れることも生じ，そうすると，数と角との単位の調節が必要となる．

実数というと数直線を思い出すことから，「数＝長さ」と考えやすいが，実際には，数直線と実数の対応はつぎのようにして定まる．

1) 数直線上に一点をとり，原点 O（基準となる点）を定める，
2) 原点以外に 1 点 A をとり，A を実数 1 に対応させる，
3) 数直線上の点 P に対し，符号を込めた比 $\dfrac{\mathrm{OP}}{\mathrm{OA}}$ を P に対応する数と定める．

したがって，実数は長さの単位であるメートルとかミリメートル，あるいは，寸とかインチなどが付かない，"無名数" になる．

角も同様に，単位の付かないものを基準としたものを採用し，数との折合いを図ることにする．一言でいうと，「円の半径に対する弧の長さの比」で定義するのだが，もう少しきちんと説明することにしよう．

中心が O の一つの円を考え，その上に基準となる 1 点 A と，動点 P をとり，弧 AP の長さを考える（図 **3.17**）．弧 AP は円の半径 r と，角 $\angle \mathrm{AOP}$ のみに比例する．したがって，$\dfrac{\text{弧 AP}}{r}$ は角 $\angle \mathrm{AOP}$ のみで決まる量になり，この量で角 $\angle \mathrm{AOP}$ を測ることにする．

定義 3.1 $\dfrac{\text{弧 AP}}{r} = \theta$ のとき，$\angle \mathrm{AOP}$ は θ ラジアン（radian）であると定める．

この角の表し方を，**弧度法** という．

円の半周の長さが πr なので $180° = \dfrac{\pi r}{r}$，すなわち

3.2 一般角と弧度法

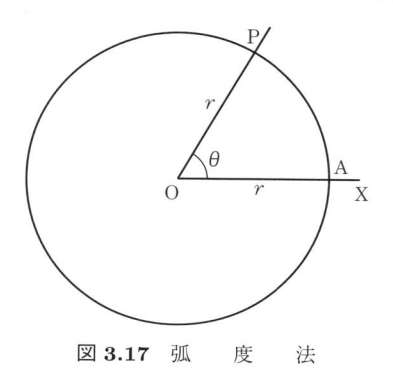

図 3.17 弧 度 法

$$180° = \pi \text{ラジアン}$$

である．一般の角はこの式から比例関係により求めればよい．

例えば，$90° = \dfrac{180°}{2} = \dfrac{\pi}{2}$ ラジアン，$30° = \dfrac{180°}{6} = \dfrac{\pi}{6}$ ラジアン，など．

注意：弧度法では，角の大きさを半径 r を基準として，角に対応する弧の長さが r の何倍であるかでもって，角の大きさ radian（ラジアン）の定義をしているので，単位の付かない"無名数"である．その意味で，角の大きさを radian 単位で測るときは radian を省略するのが普通である．例えば，角の大きさが $\dfrac{\pi}{3}$ radian という代わりに，角の大きさは $\dfrac{\pi}{3}$ という．

つぎの**表 3.1** に現れる角についてはすぐに換算できることが望ましい．

表 3.1 角度とラジアンの換算

度	0°	30°	45°	60°	90°	180°	360°
radian	0	$\dfrac{\pi}{6}$	$\dfrac{\pi}{4}$	$\dfrac{\pi}{3}$	$\dfrac{\pi}{2}$	π	2π

問 4. つぎの弧度法で表された角はそれぞれ何度か．

(1) $\dfrac{3}{4}\pi$　　(2) $\dfrac{4}{3}\pi$　　(3) 3π

問 5. つぎの角度を弧度法で書き直せ．

(1) $120°$　　(2) $150°$　　(3) $225°$

問 題 3.2

問 1. つぎの角の動径を表す最小の正の角を求めよ．
(1) $\dfrac{10\pi}{3}$ (2) $\dfrac{100\pi}{3}$ (3) $-\dfrac{99\pi}{4}$

問 2. つぎの弧度法で表された角はそれぞれ何度か．
(1) $\dfrac{7}{2}\pi$ (2) $-\dfrac{10}{3}\pi$ (3) $-\dfrac{3}{10}\pi$

問 3. $0 \leqq \theta < 2\pi$ を満たす角 θ と角 6θ が同じ動径を表すという．θ の値を求めよ．

問 4. つぎの角度を弧度法で書き直せ．
(1) $450°$ (2) $900°$ (3) $1\,000°$

問 5. 半径が r，中心角が θ の扇形の弧の長さを l，面積を S とするとき，

$$l = r\theta, \quad S = \frac{1}{2}r^2\theta = \frac{1}{2}rl$$

で与えられることを示せ（図 **3.18**）．

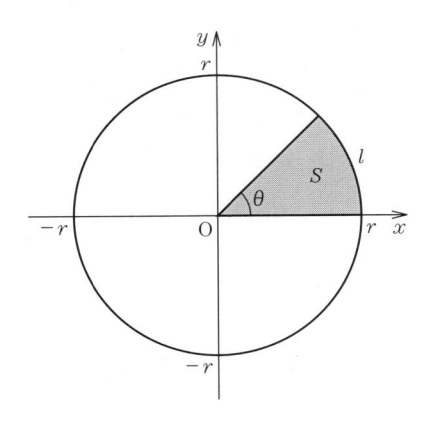

図 **3.18** 扇 形

問 6. つぎのような扇形の弧の長さと面積を求めよ．
(1) 半径 8，中心角 $\dfrac{\pi}{4}$
(2) 半径 6，中心角 $150°$

3.3 三角関数の定義

3.3.1 一般の角の三角関数

$0 \leqq \theta \leqq \pi$ に対し,三角比により $\sin\theta$, $\cos\theta$, $\tan\theta$ の値を定めた.これを,一般の角の場合に拡張しよう.

座標平面上,x 軸の正の部分を始線にとり,角 θ の動径と,原点 O を中心とする半径 r の円との交点 P の座標を (x, y) とする.x, y, r 間の比 $\dfrac{x}{r}$, $\dfrac{y}{r}$, $\dfrac{y}{x}$ は円の半径 r のとり方に無関係に角 θ のみにより定まる.そこで,実数 θ に対して,

$$\sin\theta = \frac{y}{r}, \quad \cos\theta = \frac{x}{r}, \quad \tan\theta = \frac{y}{x}$$

と定める.$\sin\theta$, $\cos\theta$, $\tan\theta$ をそれぞれ,一般角 θ の**正弦**,**余弦**,**正接**と呼び,併せて**三角関数**という.ただし,$\theta = \dfrac{\pi}{2} + n\pi$ (n:整数) のとき $x = 0$ となり $\tan\theta$ が定義できないので,$x \neq \dfrac{\pi}{2} + n\pi$ のときのみ,正接 $\tan\theta$ を考えることにする.

定義から,$r = 1$ のときは,

$\sin\theta = $ P の y 座標,$\cos\theta = $ P の x 座標,$\tan\theta = $ 半直線 OP の傾き

となることに注意しよう(図 **3.19**).特に,三角関数の符号は,その角の動径が,どの象限に含まれるかを見ればわかる(図 **3.20**).また,三角関数の値域は,

$$-1 \leqq \sin\theta \leqq 1, \quad -1 \leqq \cos\theta \leqq 1, \quad \tan\theta \text{ の値域は } \mathbb{R}$$

例 3.2 $\sin 150° = \dfrac{1}{2}$, $\cos 150° = -\dfrac{\sqrt{3}}{2}$, $\tan 150° = -\dfrac{1}{\sqrt{3}}$

弧度法で表すと,$\sin\dfrac{5\pi}{6} = \dfrac{1}{2}$, $\cos\dfrac{5\pi}{6} = -\dfrac{\sqrt{3}}{2}$, $\tan\dfrac{5\pi}{6} = -\dfrac{1}{\sqrt{3}}$ (図 **3.21**)

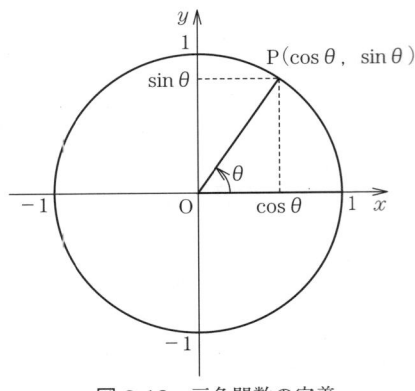

図 3.19 三角関数の定義

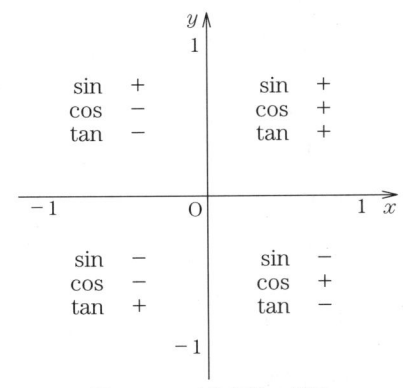

図 3.20 三角関数の符号

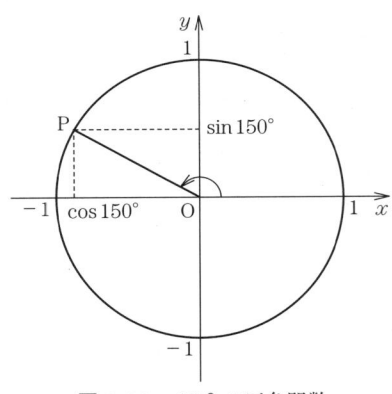

図 3.21 $150°$ の三角関数

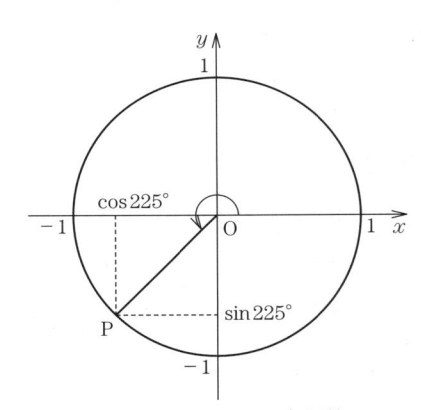

図 3.22 $225°$ の三角関数

例 3.3 $\sin 225° = -\dfrac{\sqrt{2}}{2}$, $\cos 225° = -\dfrac{\sqrt{2}}{2}$, $\tan 225° = 1$

弧度法では，$\sin \dfrac{5\pi}{4} = -\dfrac{\sqrt{2}}{2}$, $\cos \dfrac{5\pi}{4} = -\dfrac{\sqrt{2}}{2}$, $\tan \dfrac{5\pi}{4} = 1$ （**図 3.22**）

なお，角が 0, $\dfrac{\pi}{2}$, π；すなわち角が $0°$, $90°$, $180°$ のときの三角関数の値は定義からすぐにわかるが，以外に盲点になっていることが多いので確認しておこう．しばしば用いられる．

$\sin 0 = 0, \quad \cos 0 = 1, \quad \tan 0 = 0$

$$\sin\frac{\pi}{2} = 1, \quad \cos\frac{\pi}{2} = 0, \quad \tan\frac{\pi}{2} = 定義されない$$
$$\sin\pi = 0, \quad \cos\pi = -1, \quad \tan\pi = 0$$

問 6. つぎの角 θ に対して，$\sin\theta$, $\cos\theta$, および $\tan\theta$ の値を求めよ．

(1) $\theta = 120°$ (2) $\theta = 315°$ (3) $\theta = -150°$

(4) $\theta = \dfrac{3\pi}{2}$ (5) $\theta = \dfrac{5\pi}{4}$ (6) $\theta = -\dfrac{5\pi}{3}$

注意：上の 3 つの三角関数以外に，補助的な三角関数として，つぎのような 3 つの関数が用いられることがある．

$$\mathrm{cosec}\theta = \frac{1}{\sin\theta}, \quad \sec\theta = \frac{1}{\cos\theta}, \quad \cot\theta = \frac{1}{\tan\theta}$$

（コセカント θ）　（セカント θ）　（コタンジェント θ）

6 つの三角関数の覚え方としては，

(1) 図 **3.23** で斜辺 r から始まり，右回りに，

$$\sin\theta = \frac{b}{r}, \quad \sec\theta = \frac{r}{a}$$

(2) $\sin\theta \sec\theta = \tan\theta$ (傾き)

(3) co が付くと縦 b と横 a が入れ替わる．

$$\cos\theta = \frac{a}{r}, \quad \mathrm{cosec}\theta = \frac{r}{b}, \quad \cot\theta = \frac{a}{b}$$

このように本来は補助的な関数とはいえないこともあり，$\sec\theta$ はいろいろな場面で登場する．

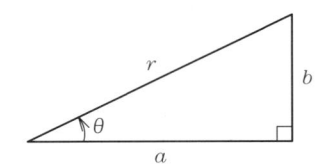

図 **3.23** 補助的な三角関数

3.3.2 三角関数の相互関係

三角関数の間に成り立つ相互関係をまとめておこう．

定理 3.2 （三角関数の相互関係）
(1) $\sin^2\theta + \cos^2\theta = 1$
(2) $\tan\theta = \dfrac{\sin\theta}{\cos\theta}$
(3) $1 + \tan^2\theta = \dfrac{1}{\cos^2\theta} = \sec^2\theta$

証明
(1) $\sin\theta = \dfrac{y}{r}$, $\cos\theta = \dfrac{x}{r}$ と三平方の定理 $x^2 + y^2 = r^2$ より,
$$\sin^2\theta + \cos^2\theta = \frac{y^2}{r^2} + \frac{x^2}{r^2} = 1$$

(2) $\sin\theta = \dfrac{y}{r}$, $\cos\theta = \dfrac{x}{r}$ なので, $\tan\theta = \dfrac{y}{x} = \dfrac{\sin\theta}{\cos\theta}$

(3) (2) と (1) を順に用い,
$$1 + \tan^2\theta = 1 + \frac{\sin^2\theta}{\cos^2\theta} = \frac{\cos^2\theta + \sin^2\theta}{\cos^2\theta} = \frac{1}{\cos^2\theta}$$
□

定理 3.2 の結果を使って例題を解いてみよう.

例題 3.1 $\sin\theta + \cos\theta = \dfrac{1}{2}$ のとき, $\sin\theta\cos\theta$ の値を求めよ.

【解答】 両辺を 2 乗して
$$\sin^2\theta + 2\sin\theta\cos\theta + \cos^2\theta = \frac{1}{4}$$

$\sin^2\theta + \cos^2\theta = 1$ より,
$$1 + 2\sin\theta\cos\theta = \frac{1}{4}$$

したがって $2\sin\theta\cos\theta = -\dfrac{3}{4}$ より, $\sin\theta\cos\theta = -\dfrac{3}{8}$ ◇

注意：上の例題により, $\sin\theta$, $\cos\theta$ の値がつぎのようにして求まる.
$$(x - \sin\theta)(x - \cos\theta) = x^2 - (\sin\theta + \cos\theta)x + \sin\theta\cos\theta$$
$$= x^2 - \frac{1}{2}x - \frac{3}{8}$$

$$= \frac{1}{8}(8x^2 - 4x - 3)$$

したがって，$x = \sin\theta$ は x の 2 次方程式 $8x^2 - 4x - 3 = 0$ の解．こうして，2 次方程式の解の公式により $\sin\theta$ の値が求まり，$\sin\theta + \cos\theta = \frac{1}{2}$ と併せ，$\cos\theta$ の値も求まる：

$$\sin\theta = \frac{1 \pm \sqrt{7}}{4}, \quad \cos\theta = \frac{1 \mp \sqrt{7}}{4} \quad \text{(複号同順)}$$

例題 3.2 $\cos\theta = -\dfrac{3}{5}$ のとき，$\sin\theta$ と $\tan\theta$ の値を求めよ．

【解答】 $\cos\theta < 0$ より，θ は第 2 象限または第 3 象限の角（図 3.20）．

(i) θ が第 2 象限の角のとき，図 **3.24** により，

$$\sin\theta = \frac{4}{5}, \quad \tan\theta = \frac{4}{-3} = -\frac{4}{3}$$

(ii) θ が第 3 象限の角のとき，図 **3.25** により，

$$\sin\theta = \frac{-4}{5}, \quad \tan\theta = \frac{-4}{-3} = \frac{4}{3}$$

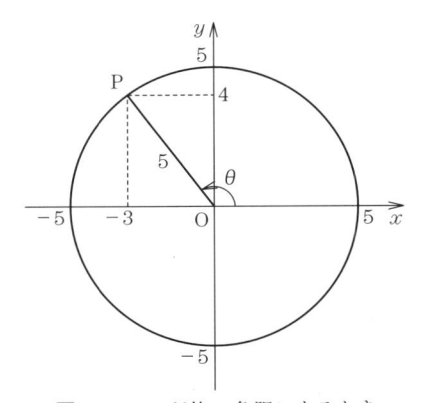

図 **3.24** θ が第 2 象限にあるとき 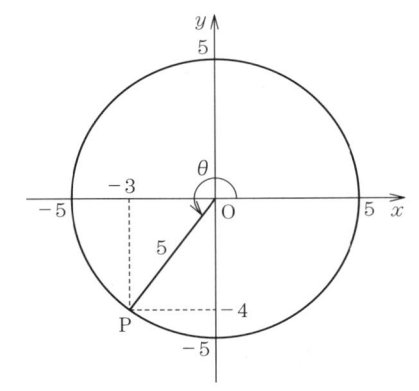　　図 **3.25** θ が第 3 象限にあるとき

◇

注意： 上の例題で，$\sin\theta$ の値を求める場合，定理 3.2 (1) を用いるか，あるいは三平方の定理より三角比を求め $\sin\theta$ を計算するか，どちらでもよい．$\tan\theta$ の計算も同様である．

例題 3.3 つぎの式を簡単にせよ．

$$\left(1+\tan\theta+\frac{1}{\cos\theta}\right)\left(1+\frac{1}{\tan\theta}-\frac{1}{\sin\theta}\right)$$

【解答】 $\tan\theta=\dfrac{\sin\theta}{\cos\theta}$ なので，

$$\begin{aligned}(左辺)&=\left(1+\frac{\sin\theta}{\cos\theta}+\frac{1}{\cos\theta}\right)\left(1+\frac{\cos\theta}{\sin\theta}-\frac{1}{\sin\theta}\right)\\&=\frac{\cos\theta+\sin\theta+1}{\cos\theta}\cdot\frac{\sin\theta+\cos\theta-1}{\sin\theta}\\&=\frac{(\sin\theta+\cos\theta)^2-1}{\sin\theta\cos\theta}\\&=\frac{\sin^2\theta+2\sin\theta\cos\theta+\cos^2\theta-1}{\sin\theta\cos\theta}\\&=\frac{2\sin\theta\cos\theta}{\sin\theta\cos\theta}\\&=2\end{aligned}$$

◇

問　題　3.3

問 1. つぎの値を求めよ．
(1) $\sin\dfrac{\pi}{6}$　(2) $\cos\left(-\dfrac{\pi}{4}\right)$　(3) $\tan\dfrac{\pi}{3}$　(4) $\sin\left(-\dfrac{\pi}{2}\right)$
(5) $\cos\dfrac{2\pi}{3}$　(6) $\tan\left(-\dfrac{3\pi}{4}\right)$　(7) $\sin\dfrac{5\pi}{6}$　(8) $\cos(-\pi)$
(9) $\tan 0$　(10) $\cos\dfrac{15}{2}\pi$　(11) $\sin\dfrac{4}{3}\pi$　(12) $\cos\left(-\dfrac{11}{4}\pi\right)$

問 2. $\sin\theta-\cos\theta=\dfrac{1}{2}$ のとき，つぎの値を求めよ．
(1) $\sin\theta\cos\theta$　(2) $\sin^3\theta-\cos^3\theta$

問 3. θ が第 4 象限の角で，$\cos\theta=\dfrac{1}{3}$ のとき，$\sin\theta$ と $\tan\theta$ の値を求めよ．

問 4. θ が第 3 象限にある角で $\tan\theta=\dfrac{3}{4}$ のとき，$\sin\theta$ と $\cos\theta$ の値を求めよ．

問 5. つぎの等式を証明せよ．
(1) $\dfrac{1+\sin\theta}{\cos\theta}+\dfrac{\cos\theta}{1+\sin\theta}=\dfrac{2}{\cos\theta}$

(2) $\dfrac{\sin\theta}{1-\cos\theta} = \dfrac{1+\cos\theta}{\sin\theta}$

(3) $\tan^2\theta - \sin^2\theta = \tan^2\theta \sin^2\theta$

3.4 グラフの対称移動と三角関数

この節で，三角関数の性質のうち，2章で学んだグラフの移動についての考察からわかるものをいくつか挙げる．多くの場合，後に学ぶ加法定理の特別な場合なのだが，加法定理をもち出すより，図形的な直観から式の変形を行ったほうが見通しがよいことが多い．また論理的な構成としては，一部加法定理の証明などこの節の定理（定理 3.8 や定理 3.4）を用いているものもある．

定理 3.3　(動径が同じになる角)

$$\sin(\theta + 2\pi) = \sin\theta, \quad \cos(\theta + 2\pi) = \cos\theta, \quad \tan(\theta + 2\pi) = \tan\theta$$

証明　n が整数のとき，角 θ と角 $\theta + 2\pi$ の動径 OP が一致するからである（図 3.26）． □

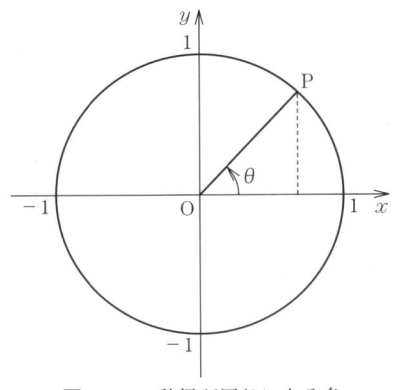

図 **3.26** 動径が同じになる角

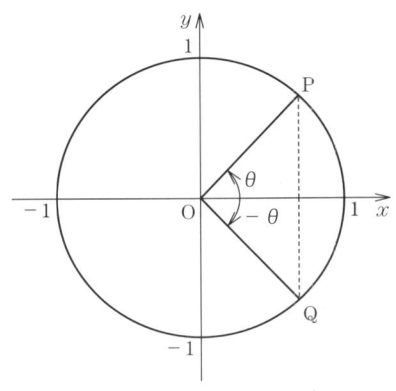

図 **3.27** 負　角　公　式

例 3.4 $\sin\dfrac{19\pi}{3} = \sin\left(\dfrac{\pi + 18\pi}{3}\right) = \sin\left(\dfrac{\pi}{3} + 6\pi\right) = \sin\dfrac{\pi}{3} = \dfrac{\sqrt{3}}{2}$,
$\cos 420° = \cos(60° + 360°) = \cos 60° = \dfrac{1}{2}$

問 7. つぎの値を求めよ．
  (1) $\sin\dfrac{9\pi}{4}$ (2) $\cos\dfrac{25\pi}{6}$ (3) $\tan 1125°$

定理 3.5 （負角公式）

$$\sin(-\theta) = -\sin\theta, \quad \cos(-\theta) = \cos\theta, \quad \tan(-\theta) = -\tan\theta$$

証明 x 軸に関する対称移動からつぎのように導かれる（図 **3.27**）．
単位円と角 θ の動径との交点を P，単位円と角 $-\theta$ の動径との交点を Q とする．P，Q の座標は，

$$\text{P}(\cos\theta,\ \sin\theta), \quad \text{Q}(\cos(-\theta),\ \sin(-\theta))$$

P と Q は x 軸に関し対称なので，

$$\cos(-\theta) = \cos\theta, \quad \sin(-\theta) = -\sin\theta$$
$$\tan(-\theta) = \dfrac{\sin(-\theta)}{\cos(-\theta)} = \dfrac{-\sin\theta}{\cos\theta} = -\tan\theta$$

□

例 3.5 $\sin\left(-\dfrac{\pi}{3}\right) = -\sin\dfrac{\pi}{3} = -\dfrac{\sqrt{3}}{2}, \quad \cos(-45°) = \cos 45° = \dfrac{1}{\sqrt{2}}$

問 8. つぎの値を求めよ．
  (1) $\sin(-45°)$ (2) $\cos\left(-\dfrac{\pi}{3}\right)$ (3) $\tan\left(-\dfrac{\pi}{6}\right)$

定理 3.5 （$\theta + \pi$ の型）

$$\sin(\theta + \pi) = -\sin\theta, \quad \cos(\theta + \pi) = -\cos\theta, \quad \tan(\theta + \pi) = \tan\theta$$

3.4 グラフの対称移動と三角関数

証明　原点に関する対称移動から導かれる（図 3.28）.

単位円と角 θ の動径との交点を P，単位円と角 $\theta+\pi$ の動径との交点を Q とする．P, Q の座標は，

$$P(\cos\theta, \sin\theta), \quad Q(\cos(\theta+\pi), \sin(\theta+\pi)),$$

P と Q は原点に関し対称なので，

$$\cos(\theta+\pi) = -\cos\theta, \quad \sin(\theta+\pi) = -\sin\theta,$$
$$\tan(\theta+\pi) = \frac{\sin(\theta+\pi)}{\cos(\theta+\pi)} = \frac{-\tan\theta}{-\cos\theta} = \tan\theta$$

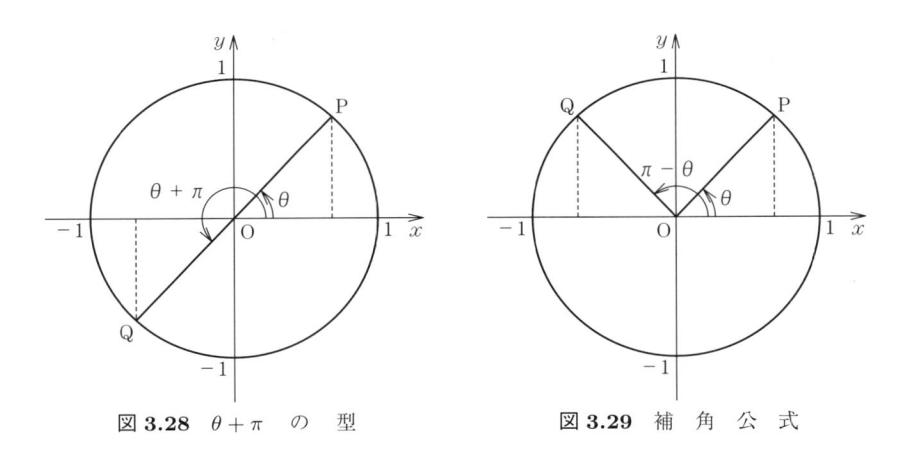

□

図 3.28　$\theta+\pi$ の型　　　図 3.29　補角公式

例 3.6　$\sin 225° = \sin(45° + 180°) = -\sin 45° = -\dfrac{1}{\sqrt{2}},$
$\cos \dfrac{7\pi}{6} = \cos\left(\dfrac{\pi}{6}+\pi\right) = -\cos\dfrac{\pi}{6} = -\dfrac{\sqrt{3}}{2}$

問 9. つぎの値を求めよ．
　　(1)　$\sin\left(-\dfrac{7\pi}{6}\right)$　　(2)　$\cos\dfrac{5\pi}{4}$　　(3)　$\tan 240°$

定理 3.6 （補角公式）

$$\sin(\pi - \theta) = \sin\theta, \quad \cos(\pi - \theta) = -\cos\theta, \quad \tan(\pi - \theta) = -\tan\theta$$

証明 定理 3.5 と定理 3.4 から（図 **3.29**），
$$\sin(\pi - \theta) = \sin((-\theta) + \pi) = -\sin(-\theta) = \sin\theta,$$
$$\cos(\pi - \theta) = \cos((-\theta) + \pi) = -\cos(-\theta) = -\cos\theta,$$
$$\tan(\pi - \theta) = \tan((-\theta) + \pi) = \tan(-\theta) = -\tan\theta.$$

□

定理 3.6 は，y 軸についての対称性を用いても証明できる．こちらの証明のほうが直観的でわかりやすいかもしれない．

問 10. 図 3.29 のように，点 P$(\cos\theta, \sin\theta)$ と点 Q$(\cos(\pi - \theta), \sin(\pi - \theta))$ をとり，点 P と点 Q が y 軸に関し対称であることを用いることにより，定理 3.6 を証明せよ．

例 3.7 $\sin\dfrac{3\pi}{4} = \sin\left(\pi - \dfrac{\pi}{4}\right) = \sin\dfrac{\pi}{4} = \dfrac{\sqrt{2}}{2},$
$\cos 120° = \cos(180° - 60°) = -\cos 60° = -\dfrac{1}{2}$

問 11. つぎの値を求めよ．
(1) $\sin\dfrac{5\pi}{6}$ (2) $\cos\dfrac{8\pi}{3}$ (3) $\tan 135°$

定理 3.7 （余角公式）

$$\sin\left(\dfrac{\pi}{2} - \theta\right) = \cos\theta, \quad \cos\left(\dfrac{\pi}{2} - \theta\right) = \sin\theta, \quad \tan\left(\dfrac{\pi}{2} - \theta\right) = \cot\theta$$

証明 直線 $y = x$ に関する対称移動から導かれる（図 **3.30**）．
単位円と角 θ の動径との交点を P，単位円と角 $\dfrac{\pi}{2} - \theta$ の動径との交点を Q と

3.4 グラフの対称移動と三角関数

図 3.30 余 角 公 式

図 3.31 $\theta + \dfrac{\pi}{2}$ の 型

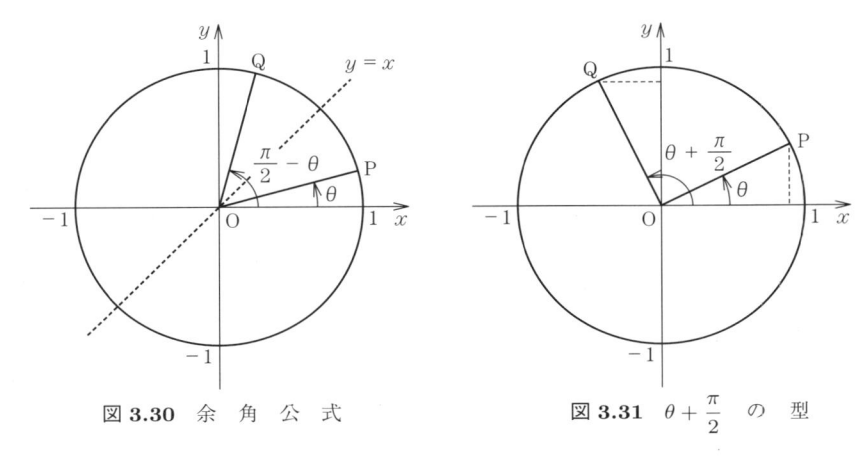

する. P, Q の座標は,

$$P(\cos\theta,\ \sin\theta), \quad Q\left(\cos\left(\frac{\pi}{2}-\theta\right),\ \sin\left(\frac{\pi}{2}-\theta\right)\right),$$

P と Q は直線 $y=x$ に関し対称なので, P, Q それぞれの x 座標, y 座標はたがいに入れ替わる. ゆえに,

$$\sin\left(\frac{\pi}{2}-\theta\right)=\cos\theta, \quad \cos\left(\frac{\pi}{2}-\theta\right)=\sin\theta,$$

$$\tan\left(\frac{\pi}{2}-\theta\right)=\frac{\sin\left(\frac{\pi}{2}-\theta\right)}{\cos\left(\frac{\pi}{2}-\theta\right)}=\frac{\cos\theta}{\sin\theta}=\cot\theta$$

□

問 12. つぎの三角関数の値を, $\dfrac{\pi}{4}$ 以下, または $45°$ 以下の三角関数で表せ.

(1) $\sin\dfrac{17}{5}\pi$ (2) $\cos\left(-\dfrac{12}{7}\pi\right)$ (3) $\tan 250°$

定理 3.8 ($\theta+\dfrac{\pi}{2}$ の型)

$$\sin\left(\theta+\frac{\pi}{2}\right)=\cos\theta, \quad \cos\left(\theta+\frac{\pi}{2}\right)=-\sin\theta, \quad \tan\left(\theta+\frac{\pi}{2}\right)=-\cot\theta$$

証明 定理 3.7 と定理 3.4 を組み合わせて証明できるが，つぎのように理解をしておいたほうが実用には便利である（図 **3.31**）．

点 $P(\cos\theta, \sin\theta)$ を原点のまわりに $\dfrac{\pi}{2}$ 回転した点を $Q\left(\cos\left(\theta+\dfrac{\pi}{2}\right), \sin\left(\theta+\dfrac{\pi}{2}\right)\right)$ とする．このとき，

$$\text{点 Q の } y \text{ 座標} = \text{点 P の } x \text{ 座標}, \quad \text{点 Q の } x \text{ 座標} = -(\text{点 P の } y \text{ 座標})$$

ゆえに，

$$\sin\left(\theta+\frac{\pi}{2}\right) = \cos\theta, \quad \cos\left(\theta+\frac{\pi}{2}\right) = -\sin\theta,$$

$$\tan\left(\theta+\frac{\pi}{2}\right) = \frac{\sin\left(\theta+\frac{\pi}{2}\right)}{\cos\left(\theta+\frac{\pi}{2}\right)} = \frac{\cos\theta}{-\sin\theta} = -\cot\theta$$

□

例 3.8 $\sin\dfrac{3\pi}{4} = \sin\left(\dfrac{\pi}{4}+\dfrac{\pi}{2}\right) = \cos\dfrac{\pi}{4} = \dfrac{\sqrt{2}}{2}$,

$\cos 120° = \cos(30°+90°) = -\sin 30° = -\dfrac{1}{2}$

問 13. つぎの三角関数の値を，$90°$ 以下の三角関数で表せ．またその値を求めよ．
(1) $\sin 120°$ (2) $\cos\dfrac{5\pi}{6}$ (3) $\tan\dfrac{3\pi}{4}$

例 3.9 以上の定理を組み合わせると，任意の角 θ に対する三角関数の値は 0 から $\dfrac{\pi}{4}$ までの角に対する三角関数の値で表すことができる．

$$\sin 390° = \sin(30°+360°) = \sin 30° = \frac{1}{2},$$

$$\cos 690° = \cos(360°\times 2 - 30°) = \cos(-30°) = \cos 30° = \frac{\sqrt{3}}{2},$$

$$\tan 300° = \tan(360°-60°) = \tan(-60°) = -\tan 60° = -\cot 30°$$
$$= -\sqrt{3}.$$

問　題　3.4

問 1. つぎの三角関数の値を，$45°$ 以下の三角関数で表せ．
(1)　$\sin(-220°)$　　(2)　$\cos(-600°)$　　(3)　$\tan(-770°)$

問 2. 三角形 ABC において，つぎの式が成り立つことを示せ．
(1)　$\sin(A+B) = \sin C$　　(2)　$\sin\dfrac{A}{2} = \cos\dfrac{B+C}{2}$

問 3. 内角 $90° \leqq A < 180°$ のときに，定理 3.1 (1) $\dfrac{a}{\sin A} = 2R$, (3) $S = \dfrac{bc}{2}\sin A$ を証明せよ．（ヒント：$90° < A < 180°$ のときは，図 **3.32**, 図 **3.33** を参照．）

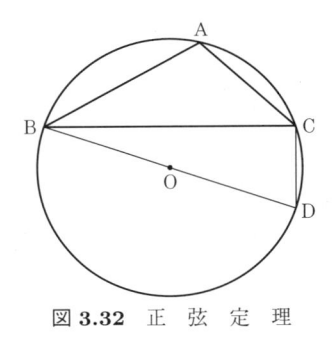

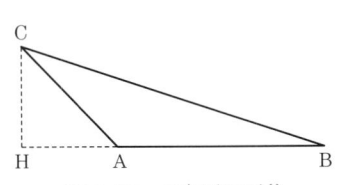

図 3.32　正　弦　定　理　　　　　**図 3.33**　三角形の面積

3.5　三角関数のグラフ

$y = \sin\theta$, $y = \cos\theta$, $y = \tan\theta$ のグラフを描いてみよう．さらに，2 章のグラフの移動についての学習を三角関数の場合に適用し，やや複雑な三角関数のグラフを調べる．

3.5.1　$y = \sin\theta$ のグラフ

半径 1 の円の上で，角 θ に対応する点 P の y 座標が $\sin\theta$ であることに注意して，グラフを描けばよい（図 **3.34**, 図 **3.35**）．

（例えば，$\theta = 0 \to \mathrm{P}(1, 0) \to \sin 0 = 0$, 　$\theta = \dfrac{\pi}{2} \to \mathrm{P}(0, 1) \to \sin\dfrac{\pi}{2} = 1$）

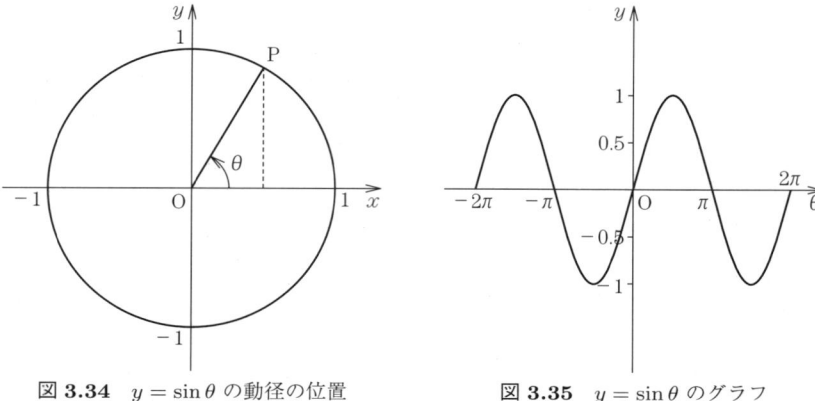

図 3.34 $y = \sin\theta$ の動径の位置   **図 3.35** $y = \sin\theta$ のグラフ

$y = \sin\theta$ のグラフの特徴：

(1)　$\sin(\theta + 2\pi) = \sin\theta$

(2)　$y = \sin\theta$ は奇関数．すなわち，$y = \sin\theta$ のグラフは原点に関して対称（定義 2.1 を参照）

一般に，関数 $y = f(x)$ が，ある 0 でない定数 p に対し，

$$f(x + p) = f(x)$$

が任意の実数 x について成り立つとき，$f(x)$ は p を**周期**とする**周期関数**という．$f(x)$ が p を周期にもつとき，np $(n = \pm 1, \pm 2, \pm 3, \cdots)$ も $f(x)$ の周期になることに注意しよう（問 14.）．普通 $f(x)$ の周期とは，$f(x)$ の周期で最小な正の数を指すものとする．$y = \sin\theta$ は周期を 2π とする関数である．

(2) は定理 3.4 の $\sin(-\theta) = -\sin\theta$ の部分よりわかる．

問 14.　p と q が関数 $f(x)$ の周期のとき，$p + q$，$-p$ も $f(x)$ の周期となることを示せ．

例題 3.4　つぎの関数のグラフを描け．またその周期をいえ．

(1)　$y = \sin\theta + 1$　　(2)　$y = \sin 3\theta$　　(3)　$y = 2\sin\theta$

(4) $y = \sin\left(\theta - \dfrac{\pi}{3}\right)$

【解答】
(1) $y = \sin\theta$ のグラフを y 軸方向に 1 だけ加えたもの．周期は 2π（図 **3.36**）．
(2) $y = \sin\theta$ のグラフを θ 軸方向に $\dfrac{1}{3}$ 倍縮小したもの．周期は $\dfrac{2\pi}{3}$（図 **3.37**）．
(3) $y = \sin\theta$ のグラフを y 軸方向に 2 倍拡大したもの．周期は 2π（図 **3.38**）．
(4) $y = \sin\theta$ のグラフを θ 軸方向に $\dfrac{\pi}{3}$ だけ平行移動したもの．周期は 2π（図 **3.39**）．

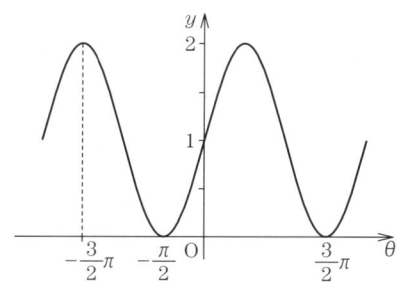

図 **3.36**　$y = \sin\theta + 1$

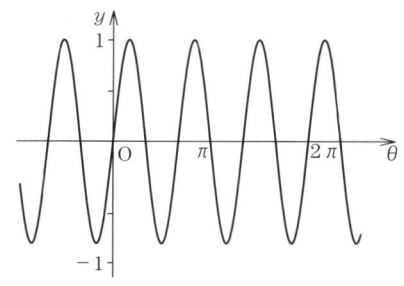

図 **3.37**　$y = \sin 3\theta$

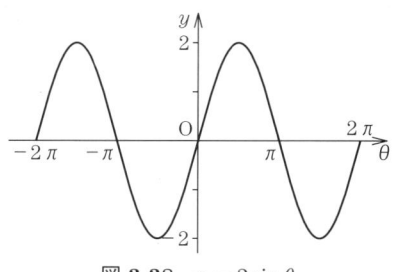

図 **3.38**　$y = 2\sin\theta$

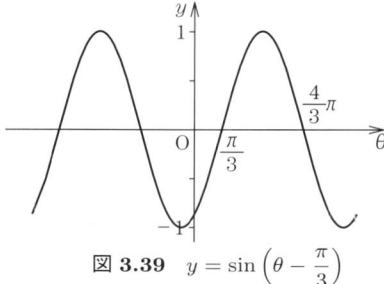

図 **3.39**　$y = \sin\left(\theta - \dfrac{\pi}{3}\right)$

◇

3.5.2　$y = \cos\theta$ のグラフ

半径 1 の円の上で，角 θ に対応する点 P の x 座標が $\cos\theta$ となることに注意して，グラフを描けばよい（図 **3.40**，図 **3.41**）．

（例えば，$\theta = 0 \to \text{P}(1,\ 0) \to \cos 0 = 1$,　$\theta = \dfrac{\pi}{2} \to \text{P}(0,\ 1) \to \cos\dfrac{\pi}{2} = 0$）

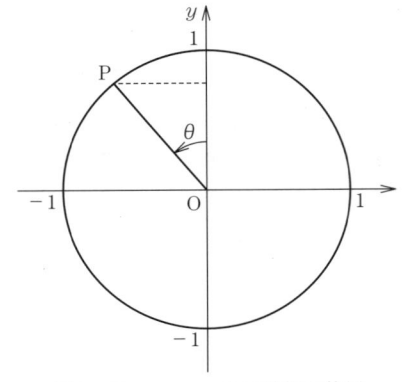

図 3.40 $y = \cos\theta$ の動径の位置

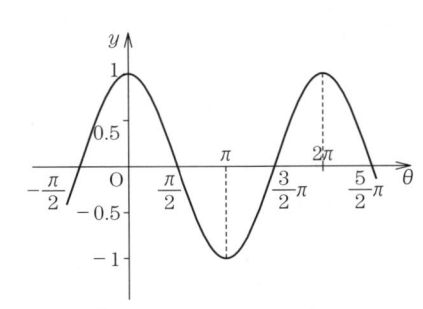

図 3.41 $y = \cos\theta$ のグラフ

$y = \cos\theta$ のグラフの特徴：

(1) $\cos\theta$ は周期 2π の関数．：$\cos(\theta + 2\pi) = \cos\theta$

(2) $y = \cos\theta$ は偶関数．すなわち，$y = \cos\theta$ のグラフは y 軸に関して対称 （定義 2.1，定理 3.4 の $\cos(-\theta) = \cos\theta$ の部分から従う．）

(3) $y = \cos\theta$ のグラフは，$y = \sin\theta$ のグラフを x 軸方向に $-\dfrac{\pi}{2}$ だけ平行移動したものになる．

(3) は定理 3.8 における $\cos\theta = \sin\left(\theta + \dfrac{\pi}{2}\right)$ の部分の反映である．

3.5.3 $y = \tan\theta$ のグラフ

半径 1 の円の上で，角 θ に対応する点 $P(x, y)$ とする（図 3.42，図 3.43）．直線 OP と直線 $x = 1$ の交点を $T(1, m)$ とするとき，$\dfrac{y}{x} = \dfrac{m}{1} = m$ なので，$\tan\theta = m$．このことに注意して，グラフを描けばよい．

（例えば，$\theta = 0 \to T(1, 0) \to \tan 0 = 0$，$\theta = \dfrac{\pi}{4} \to T(1, 1) \to \tan\dfrac{\pi}{4} = 1$）

$y = \tan\theta$ のグラフの特徴：

(1) $\tan\theta$ は周期 π の関数：$\tan(\theta + \pi) = \tan\theta$

（もちろん，$\tan(\theta + 2\pi) = \tan\theta$ も成立．）

(2) $y = \tan\theta$ は奇関数．すなわち，$y = \tan\theta$ のグラフは原点に関して対称

3.5 三角関数のグラフ

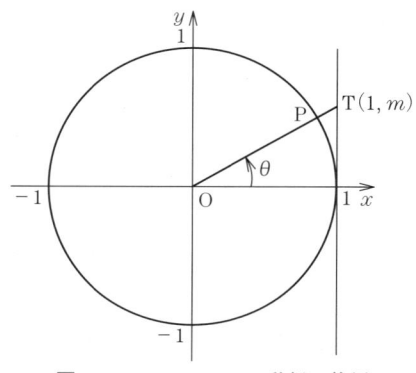

図 3.42 $y = \tan\theta$ の動径の位置

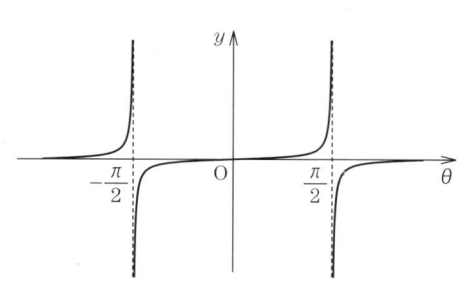

図 3.43 $y = \tan\theta$ のグラフ

(3)　$y = \dfrac{\pi}{2} + n\pi$　(n は整数) は漸近線である (2.4 節参照).

(1) は定理 3.5, (2) は定理 3.4 の $\tan(-\theta) = -\tan\theta$ の部分に対応する.

例題 3.5　つぎの関数のグラフを描け．またその周期をいえ．
(1)　$y = \tan 2\theta$　　(2)　$y = \cos\left(\theta - \dfrac{\pi}{3}\right)$

【解答】
(1)　$y = \tan\theta$ のグラフを θ 軸方向に $\dfrac{1}{2}$ 倍に縮小したもの．周期は $\dfrac{\pi}{2}$ (図 3.44).

(2)　$y = \cos\theta$ のグラフを θ 軸方向に $\dfrac{\pi}{3}$ だけ平行移動したもの．周期は 2π (図 3.45).

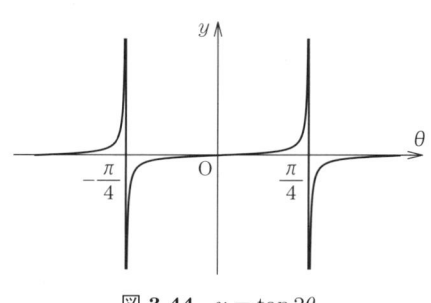

図 3.44　$y = \tan 2\theta$

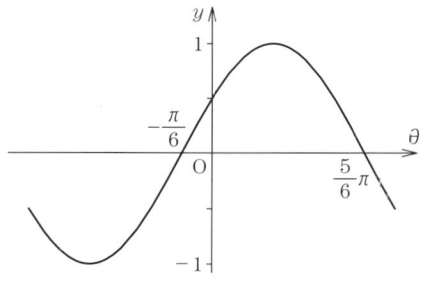

図 3.45　$y = \cos\left(\theta - \dfrac{\pi}{3}\right)$

◇

問題 3.5

問 1. つぎの関数のグラフを描け．また，この関数の周期をいえ．
  (1) $y = 2\sin x$ (2) $y = \sin 3x$ (3) $y = 2\cos\left(x - \dfrac{\pi}{3}\right)$
  (4) $y = \cos\dfrac{x}{2}$

問 2. (1) $y = \sin\left(2x + \dfrac{\pi}{3}\right)$ は $y = \sin 2x$ のグラフを x 軸方向にどれだけ平行移動したものか．
  (2) $y = \sin\left(\dfrac{x}{2} - \dfrac{\pi}{4}\right)$ は $y = \sin\dfrac{x}{2}$ のグラフを x 軸方向にどれだけ平行移動したものか．

3.6 加法定理

加法定理は応用が広く，さまざまな場面で重要な役割を果たす．加法定理の証明は高等学校では余弦定理を用いる方法が多い（問 17. 参照）が，学習者にとり，必ずしも見通しがよいとはかぎらない気もする．そこで本書では比較的自然と思われる複素数に関するつぎの定理を用いて証明をすることにする．

定理 3.9 複素数に関して，つぎの定理が成立する．

$$(\cos\alpha + i\sin\alpha)(\cos\beta + i\sin\beta) = \cos(\alpha+\beta) + i\sin(\alpha+\beta) \quad (3.1)$$

定理 3.9 の結果は簡明だが，いろいろ準備が必要なので，話の流れを妨げないよう証明は 3.10 節にまわすことにする．

定理 3.10 （加法定理）
  (1) $\sin(\alpha + \beta) = \sin\alpha\cos\beta + \cos\alpha\sin\beta$
  (2) $\sin(\alpha - \beta) = \sin\alpha\cos\beta - \cos\alpha\sin\beta$
  (3) $\cos(\alpha + \beta) = \cos\alpha\cos\beta - \sin\alpha\sin\beta$

(4) $\cos(\alpha - \beta) = \cos\alpha\cos\beta + \sin\alpha\sin\beta$

証明 式 (3.1) の右辺を計算すると,

$\cos(\alpha+\beta)+i\sin(\alpha+\beta) = (\cos\alpha\cos\beta - \sin\alpha\sin\beta) + i\,(\sin\alpha\cos\beta + \cos\alpha\sin\beta)$

実数部分と虚数部分をそれぞれ比較して,

$$\cos(\alpha + \beta) = \cos\alpha\cos\beta - \sin\alpha\sin\beta$$
$$\sin(\alpha + \beta) = \sin\alpha\cos\beta + \cos\alpha\sin\beta$$

これらの式の β に $-\beta$ を代入すると, $\cos(-\beta) = \cos\beta$, $\sin(-\beta) = -\sin\beta$ より,

$$\cos(\alpha - \beta) = \cos\alpha\cos\beta + \sin\alpha\sin\beta$$
$$\sin(\alpha - \beta) = \sin\alpha\cos\beta - \cos\alpha\sin\beta$$

□

例題 3.6 $\cos\dfrac{5\pi}{12}$, $\sin\dfrac{7\pi}{12}$ の値を求めよ.

【解答】 $\dfrac{5\pi}{12} = \dfrac{2\pi}{12} + \dfrac{3\pi}{12} = \dfrac{\pi}{6} + \dfrac{\pi}{4}$ なので,

$$\cos\dfrac{5\pi}{12} = \cos\left(\dfrac{\pi}{6} + \dfrac{\pi}{4}\right) = \cos\dfrac{\pi}{6}\cos\dfrac{\pi}{4} - \sin\dfrac{\pi}{6}\sin\dfrac{\pi}{4}$$
$$= \dfrac{\sqrt{3}}{2}\cdot\dfrac{1}{\sqrt{2}} - \dfrac{1}{2}\cdot\dfrac{1}{\sqrt{2}} = \dfrac{\sqrt{3}-1}{2\sqrt{2}} = \dfrac{\sqrt{6}-\sqrt{2}}{4}$$

つぎに, $\dfrac{7\pi}{12} = \dfrac{3\pi}{12} + \dfrac{4\pi}{12} = \dfrac{\pi}{4} + \dfrac{\pi}{3}$ なので,

$$\sin\dfrac{7\pi}{12} = \sin\left(\dfrac{\pi}{4} + \dfrac{\pi}{3}\right) = \sin\dfrac{\pi}{4}\cos\dfrac{\pi}{3} + \cos\dfrac{\pi}{4}\sin\dfrac{\pi}{3}$$
$$= \dfrac{1}{\sqrt{2}}\cdot\dfrac{1}{2} + \dfrac{1}{\sqrt{2}}\cdot\dfrac{\sqrt{3}}{2} = \dfrac{1+\sqrt{3}}{2\sqrt{2}} = \dfrac{\sqrt{6}+\sqrt{2}}{4}$$

◇

問 15. つぎの値を求めよ. (1) $\sin\dfrac{11\pi}{12}$, (2) $\cos\dfrac{\pi}{12}$.

問 16. α, β がそれぞれ第 2 象限, 第 4 象限の角で, $\sin\alpha = \dfrac{1}{2}$, $\cos\beta = \dfrac{3}{5}$ のとき, つぎの値を求めよ.

(1) $\sin\beta$ (2) $\sin(\alpha + \beta)$

3.6.1 正接の加法定理

定理 3.11

(1) $\tan(\alpha + \beta) = \dfrac{\tan \alpha + \tan \beta}{1 - \tan \alpha \tan \beta}$

(2) $\tan(\alpha - \beta) = \dfrac{\tan \alpha - \tan \beta}{1 + \tan \alpha \tan \beta}$

証明

(1) $\sin(\alpha + \beta)$ と $\cos(\alpha + \beta)$ に関する加法定理から，

$$\tan(\alpha + \beta) = \frac{\sin(\alpha + \beta)}{\cos(\alpha + \beta)} = \frac{\sin \alpha \cos \beta + \cos \alpha \sin \beta}{\cos \alpha \cos \beta - \sin \alpha \sin \beta}$$

両辺を $\cos \alpha \cos \beta$ で割る：

$$\tan(\alpha + \beta) = \frac{\dfrac{\sin \alpha}{\cos \alpha} + \dfrac{\sin \beta}{\cos \beta}}{1 - \dfrac{\sin \alpha}{\cos \alpha} \dfrac{\sin \beta}{\cos \beta}} = \frac{\tan \alpha + \tan \beta}{1 - \tan \alpha \tan \beta}$$

(2) (1) の β を $-\beta$ で置き換えると，$\tan(-\beta) = -\tan \beta$ より，

$$\tan(\alpha - \beta) = \frac{\tan \alpha + \tan(-\beta)}{1 - \tan \alpha \tan(-\beta)} = \frac{\tan \alpha - \tan \beta}{1 + \tan \alpha \tan \beta}$$

□

注意：(2) は $\sin(\alpha - \beta)$ と $\cos(\alpha - \beta)$ の加法定理からも証明できる．

問 17. [加法定理の別証明]　以下の手順で加法定理を証明せよ．単位円上に 2 点 P と Q をとり，$\angle \text{AOP} = \beta$，$\angle \text{AOQ} = \alpha$ とする．ただし，$O(0,0)$，$A(1,0)$ とおく．P, Q を原点 O のまわりに，時計方向（負の向き）に β だけ回転させた点を，それぞれ P'，Q' とする（したがって，$P' = A$ となる）．

(1) P, Q, および P', Q' の座標を求めよ．

(2) $PQ = P'Q'$ を示せ．

(3) $PQ^2 = P'Q'^2$ を，2 点間の距離の公式を用いて書き表し，定理 3.10 (4) を証明せよ．

(4) 3.4 節の結果を用い，定理 3.10 (1)〜(3) を示せ．

問　題　3.6

問 1. つぎの値を求めよ．
  (1) $\sin\dfrac{5\pi}{12}$　(2) $\cos\dfrac{11}{12}\pi$　(3) $\cos\dfrac{13\pi}{12}$　(4) $\tan\dfrac{\pi}{12}$　(5) $\tan\dfrac{7}{12}\pi$

問 2. α は第 2 象限の角で，$\sin\alpha = \dfrac{4}{5}$，角 $\alpha+\beta$ は $\sin(\alpha+\beta) = -\dfrac{12}{13}$ を満たし，$\tan(\alpha+\beta) > 0$ とする．
  (1) $\cos\alpha$ と $\cos(\alpha+\beta)$ の値を求めよ．
  (2) $\cos\beta$ の値を求めよ．

問 3. つぎの等式を証明せよ．
  (1) $\sin\left(\theta+\dfrac{\pi}{3}\right) + \sin\left(\theta-\dfrac{\pi}{3}\right) = \sin\theta$
  (2) $\dfrac{\sin(\alpha-\beta)}{\sin(\alpha+\beta)} = \dfrac{\tan\alpha - \tan\beta}{\tan\alpha + \tan\beta}$

問 4. α，β がそれぞれ第 1 象限，第 2 象限の角で，$\sin\alpha = \dfrac{3}{5}$，$\tan\beta = -\sqrt{3}$ のとき，$\sin(\alpha+\beta)$ の値を求めよ．

問 5. つぎの等式を証明せよ．
  (1) $\sin(\alpha+\beta)\sin(\alpha-\beta) = \cos^2\beta - \cos^2\alpha$
  (2) $\cos(\alpha+\beta)\cos(\alpha-\beta) = \cos^2\beta - \sin^2\alpha$

3.7　加法定理から導かれる種々の公式

3.7.1　2 倍角の公式

$\alpha = \beta$ という特別な場合についての加法定理は **2 倍角の公式** として親しまれている．

定理 3.12　(**2 倍角の公式**)
  (1) $\sin 2\alpha = 2\sin\alpha\cos\alpha$
  (2) $\cos 2\alpha = \cos^2\alpha - \sin^2\alpha = 2\cos^2\alpha - 1 = 1 - 2\sin^2\alpha$

証明

$$\sin 2\alpha = \sin\alpha\cos\alpha + \cos\alpha\sin\alpha = 2\sin\alpha\cos\alpha,$$
$$\cos 2\alpha = \cos^2\alpha - \sin^2\alpha.$$

$\sin^2\alpha + \cos^2\alpha = 1$ を用いて，(2) の右辺を $\cos\alpha$ で表すと，$\cos 2\alpha = \cos^2\alpha - (1 - \cos^2\alpha) = 2\cos^2\alpha - 1$．また，(2) の右辺を $\sin\alpha$ で表すと，$\cos 2\alpha = (1 - \sin^2\alpha) - \sin^2\alpha = 1 - 2\sin^2\alpha$． □

例題 3.7 α が鈍角で，$\cos\alpha = -\dfrac{4}{5}$ のとき，$\sin 2\alpha$ と $\cos 2\alpha$ の値を求めよ．

【解答】 $\sin\alpha > 0$ なので，$\sin\alpha = \dfrac{3}{5}$

$$\therefore\quad \sin 2\alpha = 2\sin\alpha\cos\alpha = 2 \cdot \dfrac{3}{5} \cdot \left(-\dfrac{4}{5}\right) = -\dfrac{24}{25}$$

また，2 倍角の公式より，$\cos 2\alpha = 2\cos^2\alpha - 1 = 2\left(-\dfrac{4}{5}\right)^2 - 1 = \dfrac{7}{25}$ （図 **3.46**）．

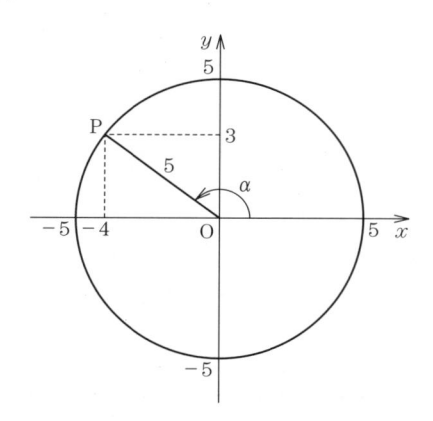

図 **3.46** $\cos\alpha = -\dfrac{4}{5}$, θ は第 2 象限

◇

問 18. α が鈍角で，$\sin\alpha = \dfrac{1}{3}$ のとき，$\sin 2\alpha$ と $\cos 2\alpha$ の値を求めよ．

つぎの公式は，**半角の公式**と呼ばれ，例えば，微分積分学では，円の面積の計算などに用いられる．

3.7 加法定理から導かれる種々の公式

定理 3.13 （半角の公式）

$$\cos^2 \alpha = \frac{1+\cos 2\alpha}{2}, \qquad \sin^2 \alpha = \frac{1-\cos 2\alpha}{2}$$

証明　2 倍角の公式 (2) の $\cos 2\alpha = 2\cos^2 \alpha - 1$ を $\cos^2 \alpha$ でまとめると最初の式，$\cos 2\alpha = 1 - 2\sin^2 \alpha$ を $\sin^2 \alpha$ でまとめると 2 番目の式が得られる．　□

例 3.10 $\sin \dfrac{\pi}{8}$ の値を求める．

$$\sin^2 \frac{\pi}{8} = \frac{1-\cos \frac{\pi}{4}}{2} = \frac{1}{2}\left(1-\frac{1}{\sqrt{2}}\right) = \frac{\sqrt{2}-1}{2\sqrt{2}}$$

$\sin \dfrac{\pi}{8} > 0$ なので，$\sin \dfrac{\pi}{8} = \sqrt{\dfrac{\sqrt{2}-1}{2\sqrt{2}}}$

注意：半角の公式を用い，三角関数の値を求めようとすると，上のように 2 重根号が出てきてしまうが，1.2 節で説明したように 2 重根号が外れる場合がある．もちろん，これは幸運な場合でいつもできるわけではない．

問 19. $\sin^2 \dfrac{\pi}{12}$ の値を半角の公式を用いて計算した後，1.2 節の式 (1.13) を使い，$\sin \dfrac{\pi}{12}$ の値を 2 重根号を外した形で求めよ．

問 20. $\dfrac{\pi}{2} < \alpha < \pi$ で，$\sin \alpha = \dfrac{3}{5}$ のとき，$\sin \dfrac{\alpha}{2}$ の値を求めよ．

3.7.2 和と積の公式

加法定理（定理 3.10）において，式 (1) と式 (2) の和・差をとると，

$$\sin(\alpha+\beta) + \sin(\alpha-\beta) = 2\sin\alpha\cos\beta \tag{3.2}$$

$$\sin(\alpha+\beta) - \sin(\alpha-\beta) = 2\cos\alpha\sin\beta \tag{3.3}$$

また，式 (3) と式 (4) の和・差をとると，

$$\cos(\alpha+\beta) + \cos(\alpha-\beta) = 2\cos\alpha\cos\beta \tag{3.4}$$

$$\cos(\alpha+\beta) - \cos(\alpha-\beta) = -2\sin\alpha\sin\beta \tag{3.5}$$

これらの式から積を和・差に直す公式が得られる．

定理 3.14 （積を和・差に直す公式）

(1)　$\sin\alpha\cos\beta = \dfrac{1}{2}\{\sin(\alpha+\beta) + \sin(\alpha-\beta)\}$

(2)　$\cos\alpha\sin\beta = \dfrac{1}{2}\{\sin(\alpha+\beta) - \sin(\alpha-\beta)\}$

(3)　$\cos\alpha\cos\beta = \dfrac{1}{2}\{\cos(\alpha+\beta) + \cos(\alpha-\beta)\}$

(4)　$\sin\alpha\sin\beta = -\dfrac{1}{2}\{\cos(\alpha+\beta) - \cos(\alpha-\beta)\}$

証明　式 (3.2) の両辺を 2 で割ってから，左辺と右辺を入れ替えれば，(1) を得る．(2) と (3) も同様．(4) を得るには式 (3.5) の両辺を -2 で割ってから，左辺と右辺を入れ替えればよい．　□

定理 3.15 （和・差を積に直す公式）

(1)　$\sin A + \sin B = 2\sin\dfrac{A+B}{2}\cos\dfrac{A-B}{2}$

(2)　$\sin A - \sin B = 2\cos\dfrac{A+B}{2}\sin\dfrac{A-B}{2}$

(3)　$\cos A + \cos B = 2\cos\dfrac{A+B}{2}\cos\dfrac{A-B}{2}$

(4)　$\cos A - \cos B = -2\sin\dfrac{A+B}{2}\sin\dfrac{A-B}{2}$

証明　式 (3.2), (3.3), (3.4), (3.5) で $A = \alpha+\beta$, $B = \alpha-\beta$ とおいて，α, β の代わりに，A と B を用いて書き直せばよい．ただし，$\alpha = \dfrac{A+B}{2}$, $\beta = \dfrac{A-B}{2}$ を用いる．なお，A, B は任意の実数をとることができることに注意する．　□

注意：和・差を積に直す公式は方程式や不等式を解くときなどに便利，一方積分の計算では積を和・差に直すことにより計算がやさしくなることが多い（部分積分法というものもあるが和や差の形に直したほうが楽）．

問 21. 整数 A と B の差が小さいとき, $y = \sin Ax + \sin Bx$ のグラフは図 **3.47** のように振幅（波の上下の幅）の大小を繰り返しながら, 振動（y の値が上下すること）する波になる. これを「うなり」の現象という. このような現象が起きる理由を考えてみよ.

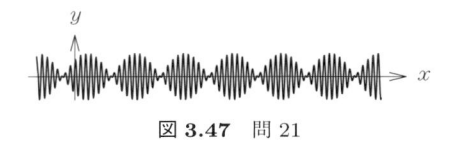

図 **3.47** 問 21

問　題　3.7

問 1. $0 < \alpha < \dfrac{\pi}{2}$ で, $\sin \alpha = \dfrac{1}{4}$ のとき, $\sin 2\alpha$, $\cos 2\alpha$ の値を求めよ.

問 2. α の動径が第 3 象限にあり, $\sin \alpha = -\dfrac{4}{5}$ とする.
  (1) $\cos \alpha$ の値を求めよ.
  (2) $\cos 2\alpha$ の値を求めよ.
  (3) 2α の動径は第何象限にあるか

問 3. α の動径が第 4 象限にあり $\cos \alpha = \dfrac{5}{13}$ のとき, $\sin \dfrac{\alpha}{2}$, $\cos \dfrac{\alpha}{2}$ の値を求めよ.

問 4. つぎの値を求めよ.
  (1) $\sin \dfrac{\pi}{4} \cos \dfrac{\pi}{12}$　　(2) $\sin \dfrac{11\pi}{12} \sin \dfrac{\pi}{12}$
  (3) $\cos \dfrac{5\pi}{12} + \cos \dfrac{\pi}{12}$　　(4) $\cos \dfrac{11\pi}{12} - \cos \dfrac{7}{12}\pi$

問 5. $\sin \dfrac{\pi}{12}$ の値を加法定理で求め, これを利用して $\sin \dfrac{7\pi}{24} \cos \dfrac{5\pi}{24}$ の値を計算せよ.

問 6. つぎの関数のグラフを描け. また, この関数の周期をいえ.
  (1) $y = \cos^2 x$　　(2) $y = (\cos x - \sin x)^2$

3.8　三角関数の合成

　加法定理を用いて, $a \sin \theta + b \cos \theta$ (a, b は実数) を $r \sin(\theta + \alpha)$　　($r > 0$) の形に表すことを考える.

　点 P(a, b) に対し, 線分 OP が x 軸の正の向きとつくる角を α とする（図 **3.48**）.

図 3.48　$\cos\alpha = \dfrac{a}{r},\ \sin\alpha = \dfrac{b}{r}$

OP の長さを r とすると，$r = \sqrt{a^2+b^2}$ なので，

$$a = r\cos\alpha, \quad b = r\sin\alpha$$

したがって，$\sin(\theta+\alpha)$ に関して，加法定理を用いて，

$$\begin{aligned}a\sin\theta + b\cos\theta &= r\cos\alpha\sin\theta + r\sin\alpha\cos\theta \\ &= r(\cos\alpha\sin\theta + \sin\alpha\cos\theta) \\ &= r\sin(\theta+\alpha)\end{aligned}$$

このような式の変形を**三角関数の合成**という．

定理 3.16　($a\sin\theta + b\cos\theta$ の変形)　つぎの式が成立する．

$$a\sin\theta + b\cos\theta = r\sin(\theta+\alpha)$$

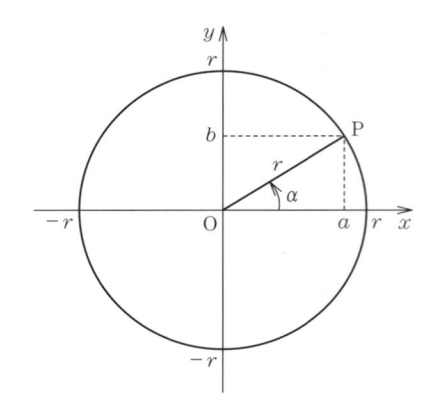

ただし，$r = \sqrt{a^2+b^2}, \quad \cos\alpha = \dfrac{a}{r},\ \sin\alpha = \dfrac{b}{r}$

定理は，同じ周期の波 $a\sin\theta$ と $b\cos\theta$ の合成 $y = a\sin\theta + b\cos\theta$ は，$y = \sin\theta$ を θ 方向に $-\alpha$ だけずらし，y 方向へ r 倍した波になることを意味する．

3.8 三角関数の合成

例 3.11 $\sqrt{3}\sin\theta + \cos\theta$ を $r\sin(\theta+\alpha)$ の形に変形する（図 **3.49**, 図 **3.50**）. $r = \sqrt{3+1} = 2$. α を $\cos\alpha = \dfrac{\sqrt{3}}{2}$, $\sin\alpha = \dfrac{1}{2}$ を満たすようにとると, α として, $\alpha = \dfrac{\pi}{6}$ がとれる.

$$\therefore \sqrt{3}\sin\theta + \cos\theta = 2\left(\frac{\sqrt{3}}{2}\sin\theta + \frac{1}{2}\cos\theta\right)$$
$$= 2\left(\cos\frac{\pi}{6}\sin\theta + \sin\frac{\pi}{6}\cos\theta\right)$$
$$= 2\sin\left(\theta + \frac{\pi}{6}\right)$$

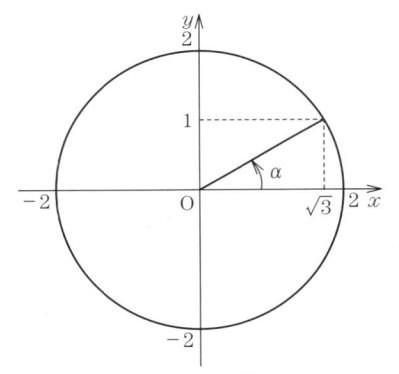

図 **3.49** $\cos\alpha = \dfrac{\sqrt{3}}{2}, \sin\alpha = \dfrac{1}{2}$

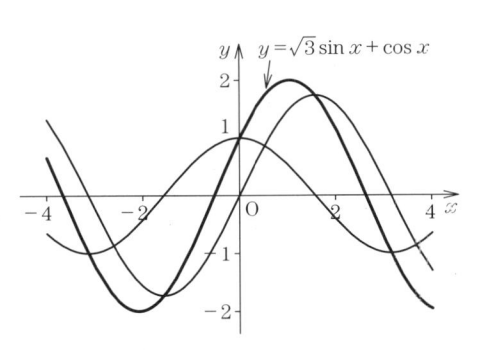

図 **3.50** $y = \sqrt{3}\sin x + \cos x$

注意: 一般の $a\cos\alpha + b\sin\beta$ のタイプの式については, 定理 3.16 のような定理は存在せず, より複雑な関数になる（図 **3.51**, 図 **3.52** 参照）. それどころか, つぎの結果が 19 世紀初頭フーリエなどによって証明された.

『$f(x)$ が十分なめらかな周期 2π の関数ならば, 適当な定数 a_k と b_k をとることにより, $f(x)$ は

$$a_o + \sum_{k=1}^{n}(a_k\cos kx + b_k\sin kx)$$

という関数で, n を大きくしていくと, いくらでも近似できる.』

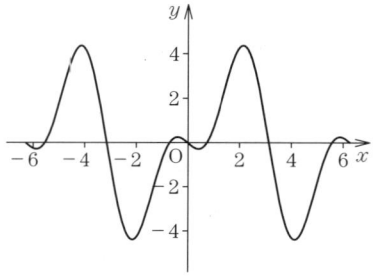

図 3.51　$y = 3\sin x - 2\sin 2x$

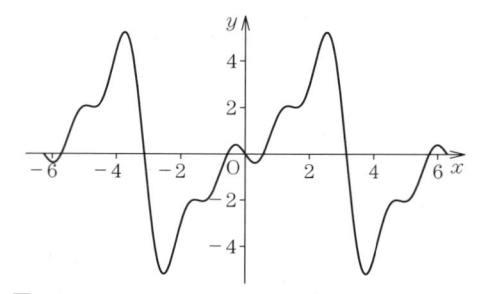

図 3.52　$y = 3\sin x - 2\sin 2x + \sin 3x - \sin 4x$

問　題　3.8

問 1. つぎの式を $r\sin(\theta + \alpha)$ の形に変形せよ．ただし，$r > 0$, $-\pi < \alpha < \pi$ とする．

(1) $\sin\theta + \cos\theta$　　(2) $\sin\theta - \sqrt{3}\cos\theta$　　(3) $6\sin\theta + 2\sqrt{3}\cos\theta$

3.9　三角関数の応用

三角関数についてのまとめとして，いろいろな応用問題にチャレンジしてみよう．

3.9.1　三角関数を含む方程式

例題 3.8　$\sin x = \dfrac{1}{2}$ の値をつぎの範囲で求めよ．

(1) $0 \leqq x < 2\pi$　　(2) x は任意の実数

【解答】
(1) 単位円周上で，y 座標が $\dfrac{1}{2}$ となる点は，図 3.53 の 2 点 P, Q であり，したがって求める x の値は，動径 OP, OQ の表す角である．$0 \leqq x < 2\pi$ なので，$x = \dfrac{\pi}{6}, \dfrac{5\pi}{6}$.

(2) $\sin x$ は周期 2π の周期関数なので，求める解は，$x = \dfrac{\pi}{6} + 2n\pi,\ \dfrac{5\pi}{6} + 2n\pi$.

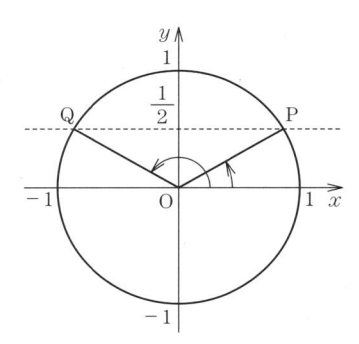

図 3.53　例題 3.8

◇

問 22. $0 \leqq x < 2\pi$ の範囲で，方程式 $2\cos x = -1$ を解け．

例題 3.9　$0 \leqq x < 2\pi$ の範囲で，方程式 $2\cos^2 x - \sin x = 2$ を解け．

【解答】$\cos^2 = 1 - 2\sin^2 x$ を用い，与えられた方程式を $\sin x$ を用いて表すと，

$$2(1 - \sin^2 x) - \sin x - 2 = 2 - 2\sin^2 x - \sin x - 2 = -(2\sin^2 x + \sin x)$$
$$= -\sin x(2\sin x + 1) = 0.$$

したがって，$\sin x = 0,\ -\dfrac{1}{2}$ ゆえに求める解は，

$$x = 0,\ \pi,\ \dfrac{7\pi}{6},\ \dfrac{11\pi}{6}.$$

◇

3.9.2　三角関数を含む不等式

例題 3.10　$0 \leqq x < 2\pi$ の範囲で，不等式 $\cos x > \dfrac{1}{2}$ を解け．

【解答】 $0 \leq x < 2\pi$ の範囲で, 等式 $\cos x = \dfrac{1}{2}$ を満たす x の値は, $x = \dfrac{\pi}{3}, \dfrac{5\pi}{3}$. したがって, 図 3.54 より, 不等式を満たす x の範囲は

$$0 \leq x < \dfrac{\pi}{3},\ \dfrac{5\pi}{3} < x < 2\pi.$$

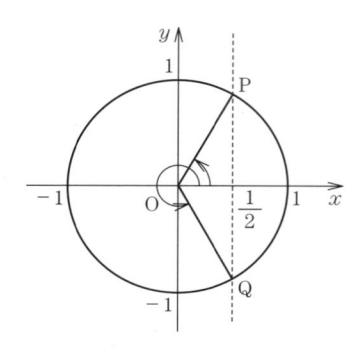

図 3.54　例題 3.10

◇

問 23. $0 \leq x < 2\pi$ の範囲で, 不等式 $2\sin x < 1$ を解け.

2 倍角の公式を用いて解く例題を一つ挙げる.

例題 3.11 $0 \leq x < 2\pi$ の範囲で, 不等式 $\cos 2x + \cos x < 0$ を解け.

【解答】 $\cos 2x = 2\cos^2 x - 1$ を用いて, 不等式を $t = \cos x$ で表した形でまとめると,

$$\cos 2x + \cos x = (2\cos^2 x - 1) + \cos x = 2t^2 + t - 1$$

ゆえに, 不等式は, $2t^2 + t - 1 < 0$ と書き換えられ,

$$2t^2 + t - 1 = (2t - 1)(t + 1) < 0$$

より $-1 < t < \dfrac{1}{2}$, つまり $-1 < \cos x < \dfrac{1}{2}$ が成り立ち, 求める解は,

$$\dfrac{\pi}{3} < x < \pi,\ \pi < x < \dfrac{5\pi}{3}.$$

◇

3.9.3　2直線のなす角

2 直線のなす角を求めるのに, 正接の加法定理を用いることができる.

3.9 三角関数の応用

例題 3.12 2 直線 $y = 2x - 4$, $y = \dfrac{1}{3}x + 1$ のなす角 $\theta \left(0 < \theta < \dfrac{\pi}{2}\right)$ を求めよ．

【解答】 図 **3.55** のように，2 直線と x 軸の正の向きのなす角を，それぞれ α, β とすると，$\theta = \alpha - \beta$ である．題意より，$\tan \alpha = 2$, $\tan \beta = \dfrac{1}{3}$ なので，正接の加法定理を用いると，

$$\tan \theta = \tan(\alpha - \beta) = \frac{\tan \alpha - \tan \beta}{1 + \tan \alpha \tan \beta} = \frac{2 - \dfrac{1}{3}}{1 + 2 \cdot \dfrac{1}{3}} = 1.$$

$0 < \theta < \dfrac{\pi}{2}$ なので，$\theta = \dfrac{\pi}{4}$．

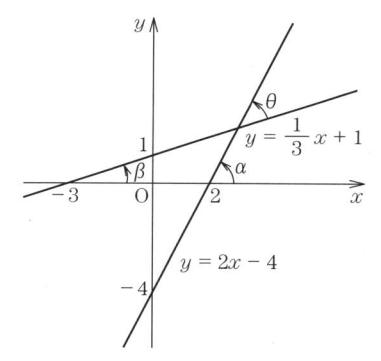

図 **3.55** 例題 3.12

$\diamondsuit$

3.9.4 三角関数の合成

例題 3.13 $0 \leqq x < 2\pi$ のとき，方程式 $\sin x + \sqrt{3} \cos x = 1$ を解け．

【解答】 $1^2 + (\sqrt{3})^2 = 2^2$ なので，

$$\sin x + \sqrt{3} \cos x = 2 \left(\frac{1}{2} \sin x + \frac{\sqrt{3}}{2} \cos x\right)$$
$$= 2 \left(\sin x \cos \frac{\pi}{3} + \cos x \sin \frac{\pi}{3}\right) = 2 \sin \left(x + \frac{\pi}{3}\right) = 1$$

ゆえに

$$\sin \left(x + \frac{\pi}{3}\right) = \frac{1}{2}$$

$0 \leqq x < 2\pi$ のとき，$\dfrac{\pi}{3} \leqq x + \dfrac{\pi}{3} < \dfrac{7\pi}{3}$ なので，$x + \dfrac{\pi}{3} = \dfrac{5\pi}{6}, \dfrac{13\pi}{6}$ したがって，

$x = \dfrac{\pi}{2},\ \dfrac{11\pi}{6}$ ◇

例題 3.14 関数 $y = \sin x - \cos x \ \ (0 \leqq x < 2\pi)$ の最大値と最小値を求めよ．

【解答】
$$y = \sqrt{2}\left(\dfrac{1}{\sqrt{2}}\sin x + \dfrac{-1}{\sqrt{2}}\cos x\right) = \sqrt{2}\sin\left(x - \dfrac{\pi}{4}\right)$$

$0 \leqq x < 2\pi$ のとき，$-\dfrac{\pi}{4} \leqq x - \dfrac{\pi}{4} < \dfrac{7\pi}{4}$ であり，x がこの範囲を動くとき，$-1 \leqq \sin\left(x - \dfrac{\pi}{4}\right) \leqq 1$ より，$-\sqrt{2} \leqq y \leqq \sqrt{2}$ である．

$y = -\sqrt{2}$ のとき，$\sin\left(x - \dfrac{\pi}{4}\right) = -1$ だから，$x - \dfrac{\pi}{4} = \dfrac{3\pi}{2}$ より，$x = \dfrac{7\pi}{4}$

$y = \sqrt{2}$ のとき，$\sin\left(x - \dfrac{\pi}{4}\right) = 1$ だから，$x - \dfrac{\pi}{4} = \dfrac{\pi}{2}$ より，$x = \dfrac{3\pi}{4}$

ゆえに，y は $x = \dfrac{3\pi}{4}$ で最大値 $\sqrt{2}$，$x = \dfrac{7\pi}{4}$ のとき最小値 $-\sqrt{2}$ をとる（図 **3.56**）．

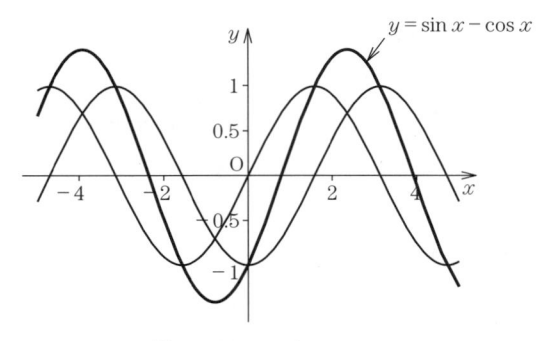

図 **3.56** $y = \sin x - \cos x$

◇

問 24. $0 \leqq x < 2\pi$ の範囲で，不等式 $\sin x - \cos x > 1$ を解け．

問 25. $y = 3\sin x + 4\cos x + 1$ の最大値，最小値を求めよ．

問　題　3.9

問 1. $0 \leqq x < 2\pi$ の範囲で，方程式 $2\sin^2 x = \cos x + 1$ を解け．

問 2. $0 \leqq x < 2\pi$ の範囲で，方程式 $\sin x = \cos 2x$ を解け．

問 3. $0 \leqq x < 2\pi$ の範囲で，不等式 $\sin 2x > \cos x$ を解け．

問 4. 直線 l は直線 $m: y = \dfrac{x}{2}$ と点 $(2,\ 1)$ で交わり，たがいになす角は $\dfrac{\pi}{3}$ である．l の方程式を求めよ．

問 5. 関数 $y = \sin^2 x + 4\sin x \cos x + 3\cos^2 x$ に関しつぎの問に答えよ．
 (1) y を $\sin 2x$ と $\cos 2x$ を用いて表せ．
 (2) y の最大値と最小値を求めよ．．

問 6. $0 \leqq x \leqq \dfrac{\pi}{2}$ のとき，$\cos^2 x + 2\sin x \cos x - \sin^2 x - 1$ の最大値，最小値を求めよ．またそのときの x の値を求めよ．

3.10 複素数の四則演算と複素平面

この節で，複素数の四則演算について，複素数平面上での図形的な意味を調べてみる．副産物として，まだ証明されていなかった定理 3.10 の証明を行う．（複素数の基礎的事項については 1.4 節を参照せよ．）

最初に複素数の極形式についての定義を述べる．

0 と異なる任意の複素数 $z = x + iy$ （x：実数部分，y：虚数部分）に対し，z を $z = \sqrt{x^2+y^2}\left(\dfrac{x}{\sqrt{x^2+y^2}} + i\dfrac{y}{\sqrt{x^2+y^2}}\right)$ と変形する．このとき，

(1) $\sqrt{x^2+y^2} = |z|$ （z の絶対値）

(2) $\dfrac{x}{\sqrt{x^2+y^2}} = \cos\theta$, $\dfrac{y}{\sqrt{x^2+y^2}} = \sin\theta$ となる θ が存在する（$0 \leqq \theta < 2\pi$ の範囲では一意に定まる）

が成り立つことに注意する（図 3.57）．(1), (2) より，z は

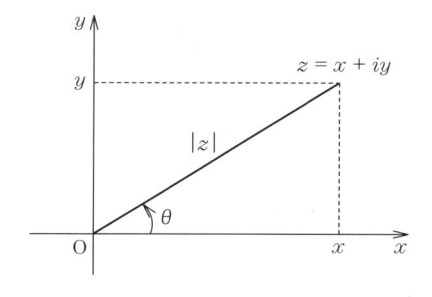

図 3.57 z の極形式表示

$$z = |z|(\cos\theta + i\sin\theta) \tag{3.6}$$

と表せる．式 (3.6) を複素数 z の**極形式表示**，θ を z の**偏角**といい，$\theta = \arg z$ で表す．

例 3.12 $3 + 3i$ と $-1 + i\sqrt{3}$ の極形式と偏角を求める．

$$3 + 3i = 3\sqrt{2}\left(\frac{1}{\sqrt{2}} + i\frac{1}{\sqrt{2}}\right) = 3\sqrt{2}\left(\cos\frac{\pi}{4} + i\sin\frac{\pi}{4}\right) \quad 偏角は \frac{\pi}{4}$$

$$-1 + i\sqrt{3} = 2\left(-\frac{1}{2} + i\frac{\sqrt{3}}{2}\right) = 2\left(\cos\frac{2\pi}{3} + i\sin\frac{2\pi}{3}\right) \quad 偏角は \frac{2\pi}{3}$$

問 26. つぎの複素数の極形式を求めよ．

(1) $\dfrac{1 - \sqrt{3}i}{2}$ (2) -2 (3) $-3i$ (4) $\sqrt{3} + 3i$

複素数の和・差に関してはベクトルの和・差と同じ考え方でできる．

定理 3.17 複素数 z と w の和と差は図 **3.58**，図 **3.59** のように作図して求めることができる．

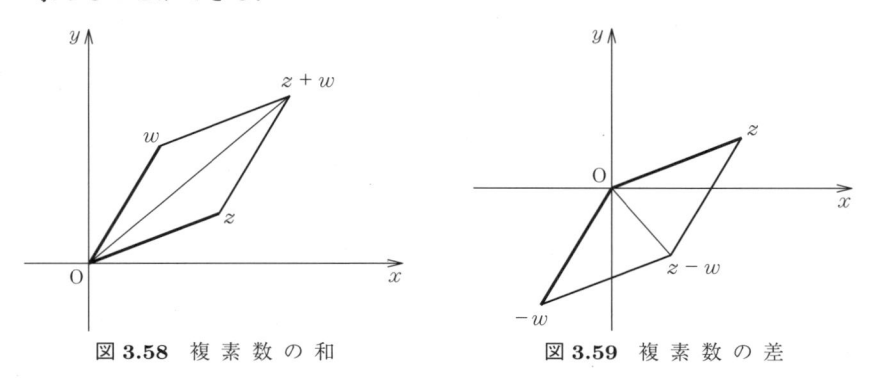

図 **3.58** 複素数の和   図 **3.59** 複素数の差

証明 実際，複素数の和・差が，それぞれの実部，虚部の和・差により定義されることを考えてみればよい． □

つぎに，積について調べよう．

定理 3.18 z を極形式 $z = |z|(\cos\theta + i\sin\theta)$ $(\theta = \arg z)$ で表せる複素数, w を任意の複素数としたとき, zw はまず w を $|z|$ 倍し, かつそれを原点のまわりに θ だけ回転させて得られる.

証明 まず, (i) w が任意の実数 a, (ii) w が任意の純虚数 bi, の場合に, zw は w を $|z|$ 倍, かつそれを原点のまわりに θ だけ回転したものになることを示す. そして, この結果を利用し, (iii) 一般の複素数 $w = a + bi$ の場合に同様の結果が成り立つことを示そう.

(i) 任意の実数 a に z を掛ける. $za = |z|a(\cos\theta + i\sin\theta)$ なので, za は a を $|z|$ 倍, かつそれを原点のまわりに θ だけ回転したものである.

(ii) 計算により, 任意の虚数 bi に z を掛けた様子をみる.

$$z(bi) = |z|b(i\cos\theta + i^2\sin\theta) = |z|b(-\sin\theta + i\cos\theta)$$
$$= |z|b\left\{\cos\left(\theta + \frac{\pi}{2}\right) + i\sin\left(\theta + \frac{\pi}{2}\right)\right\} \quad \text{(定理 3.8 による)}$$

bi は $bi = b\left(\cos\dfrac{\pi}{2} + i\sin\dfrac{\pi}{2}\right)$ と表せるので, $z(bi)$ は bi を $|z|$ 倍, かつそれを原点のまわりに θ だけ回転したものである.

(iii) 一般の複素数 $w = a + bi$ についてみると, wa も $w(bi)$ も上で見たように, a あるいは bi を $|z|$ 倍, かつそれを原点のまわりに θ だけ回転したものである. したがって, 図 **3.60** で, 2 つの三角形 OPQ と三角形 OP$'$Q$'$ が相似 (OP : OP$'$ = PQ : P$'$Q$'$, かつ $\angle$P = $\angle$P$'$ = $\dfrac{\pi}{2}$) により, $zw = za + z(bi)$

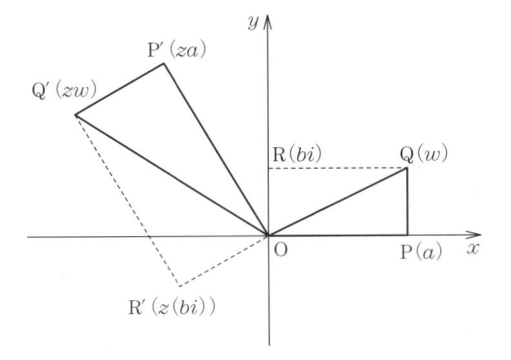

図 **3.60** 複素数の積

も w を $|z|$ 倍,かつそれを原点のまわりに θ だけ回転したものになる ($\angle POQ = \angle P'OQ'$ より,$\angle QOQ' = \angle POP' = \theta$).
□

問 27. $(1+i)w$ は複素数 w を何倍し,原点のまわりにどれだけ回転したものか.

定理 3.19 (複素数の積の極形式による表示)　複素数 $z_1 = |z_1|(\cos\theta_1 + i\sin\theta_1)$, $z_2 = |z_2|(\cos\theta_2 + i\sin\theta_2)$ に対して,$z_1 z_2$ の絶対値は $|z_1||z_2|$,偏角は $\arg z_1 + \arg z_2$,すなわちつぎの式が成り立つ.

$$z_1 z_2 = |z_1||z_2|\{\cos(\theta_1+\theta_2) + i\sin(\theta_1+\theta_2)\}$$

証明　定理 3.18 により,$z_1 z_2$ は,z_2 を $|z_1|$ 倍し,かつそれを原点のまわりに θ_1 だけ回転させたもの.したがって,$z_1 z_2$ の絶対値は $|z_1||z_2|$,かつ偏角は $\theta_1 + \theta_2$ である.
□

問 28. $z_1 = 2\left(\cos\dfrac{\pi}{3} + i\sin\dfrac{\pi}{3}\right)$, $z_2 = 5\left(\cos\dfrac{\pi}{4} + i\sin\dfrac{\pi}{4}\right)$ のとき,複素数 $z_1 z_2$ の絶対値 $|z_1 z_2|$ と偏角 $\arg(z_1 z_2)$ を求めよ.

複素数の商についても見ておこう.

$z = |z|(\cos\theta + i\sin\theta)$ とするとき,

$$\frac{1}{z} = \frac{1}{|z|}\frac{1}{\cos\theta + i\sin\theta} = \frac{1}{|z|}\frac{\cos\theta - i\sin\theta}{(\cos\theta + i\sin\theta)(\cos\theta - i\sin\theta)}$$
$$= \frac{1}{|z|}(\cos\theta - i\sin\theta) = \frac{1}{|z|}\{\cos(-\theta) + i\sin(-\theta)\}$$

すなわち,$\arg\dfrac{1}{z} = -\arg z$ である.このことからつぎの定理を得る.

定理 3.20

(1)　z を極形式 $z = |z|(\cos\theta + i\sin\theta)$ で表せる複素数,w を任意の複素数としたとき,$\dfrac{w}{z}$ は w を $|z|^{-1}$ 倍,かつそれを w を原点のまわりに $-\theta$ だけ回転させて得られる.

(2) 複素数 $z_1 = |z_1|(\cos\theta_1 + i\sin\theta_1)$, $z_2 = |z_2|(\cos\theta_2 + i\sin\theta_2)$ に対して, $\dfrac{z_2}{z_1}$ の絶対値は $\dfrac{|z_2|}{|z_1|}$, 偏角は $\arg z_2 - \arg z_1$, すなわちつぎの式が成り立つ.

$$\frac{z_2}{z_1} = \frac{|z_2|}{|z_1|}\{\cos(\theta_2 - \theta_1) + i\sin(\theta_2 - \theta_1)\} \tag{3.7}$$

問 29. $z_1 = 4\left(\cos\dfrac{\pi}{12} + i\sin\dfrac{\pi}{12}\right)$, $z_2 = 12\left(\cos\dfrac{7\pi}{12} + i\sin\dfrac{7\pi}{12}\right)$ のとき, 複素数 $\dfrac{z_2}{z_1}$ の絶対値 $\left|\dfrac{z_2}{z_1}\right|$ と偏角 $\arg\left(\dfrac{z_2}{z_1}\right)$ を求めよ.

定理 3.19 からわかるつぎの定理は本書では用いられないが, 実用上よく利用され, ド・モアブルの定理として親しまれている.

定理 3.21 (ド・モアブルの定理) 任意の自然数 n についてつぎの式が成り立つ.

$$(\cos\theta + i\sin\theta)^n = \cos n\theta + i\sin n\theta$$

問 30. $(1+i)^{12}$ の値を求めよ.

問　題　3.10

問 1. つぎの複素数 z_1, z_2 に対して, $z_1 z_2$ を計算せよ.
(1) $z_1 = \cos\dfrac{7\pi}{12} + i\sin\dfrac{7\pi}{12}$, $z_2 = \cos\dfrac{5\pi}{12} + i\sin\dfrac{5\pi}{12}$
(2) $z_1 = \cos\dfrac{3\pi}{10} + i\sin\dfrac{3\pi}{10}$, $z_2 = \cos\dfrac{9\pi}{20} + i\sin\dfrac{9\pi}{20}$

問 2. 複素数平面上 z, w, 0 は正三角形をなす. $z = 2+i$ のとき, w を求めよ.

問 3. $(1-i)^n$ の絶対値, および偏角を求めよ.

問 4. $(\sqrt{3}+i)^n$ が実数になるための自然数 n の条件を求めよ. また, $(\sqrt{3}+i)^n$ の絶対値が初めて 100 を超える自然数 n の値を求めよ.

章 末 問 題

【1】 [**3倍角の公式**] 以下の公式を証明せよ．
$$\sin 3\alpha = 3\sin\alpha - 4\sin^3\alpha$$
$$\cos 3\alpha = 4\cos^3\alpha - 3\cos\alpha$$

【2】 (1) $\alpha = \dfrac{\pi}{5}$ のとき，$\sin 2\alpha = \sin 3\alpha$ が成り立つことを示せ．
(2) $\cos\dfrac{\pi}{5}$ の値を求めよ．

【3】 $A+B+C=\pi$ に対して，つぎの等式を証明せよ．
$$\tan A + \tan B + \tan C = \tan A \tan B \tan C$$

【4】 $\sin\alpha + \sin\beta = p$，$\cos\alpha + \cos\beta = q$ のとき，$\cos(\alpha-\beta)$ の値を求めよ．

【5】 (1) $\tan\dfrac{\theta}{2} = t$ とおいたとき，
$$\sin\theta = \frac{2t}{1+t^2}, \quad \cos\theta = \frac{1-t^2}{1+t^2}$$
となることを証明せよ．
(2) $x^2 + y^2 = 1$ を満たす x と y が共に有理数の組 (x, y) は，$x = \dfrac{1-t^2}{1+t^2}$，$y = \dfrac{2t}{1+t^2}$ (t は有理数) という形で与えられることを示せ．

【6】 自然数 n に対し，$z = \cos\dfrac{2\pi}{n} + i\sin\dfrac{2\pi}{n}$ とおく．
(1) z^n の値を求めよ．
(2) $z + z^2 + z^3 + \cdots + z^n$ の値を求めよ．
(3) $\cos\dfrac{2\pi}{n} + \cos\dfrac{4\pi}{n} + \cos\dfrac{6\pi}{n} + \cdots + \cos\dfrac{2n\pi}{n}$ の値を求めよ．

【7】 複素数 $z = \cos\dfrac{2\pi}{7} + i\sin\dfrac{2\pi}{7}$ に対し，$\alpha = z + z^2 + z^4$，$\beta = z^3 + z^5 + z^6$ とおく．
(1) α^2 を α と β を用いて表せ．
(2) α と β の値を求めよ．
(3) $\cos\dfrac{\pi}{7} + \cos\dfrac{2\pi}{7} + \cos\dfrac{4\pi}{7}$ の値を求めよ．

4 指数関数

4.1 指数法則

まず，指数法則と呼ばれる性質について考えよう．

定義 4.1 a を実数とする．a を何回か掛けたものを a の**累乗**と呼ぶ．例えば，自然数 n に対して

$$a^n = a \times a \times a \times \cdots \times a \tag{4.1}$$

と定め，a の $\boldsymbol{n}$ **乗**と呼び，n を a^n の**指数**ということにする．特に $a^1 = a$ である．

累乗に関して，つぎの**指数法則**と呼ばれる計算法則が成立する．

定理 4.1（指数法則 1） 2 つの実数 a, b と正の整数 m, n に対して

(1) $a^m a^n = a^{m+n}$ （4.2）

(2) $(a^m)^n = a^{mn}$ （4.3）

(3) $(ab)^m = a^m b^m$ （4.4）

証明

(1) $a^m a^n$ とは a を m 個掛け,さらにそれに a を n 個掛けたものだから,全部で a を $m+n$ 個だけ掛けたものになる.これが a^{m+n} である.

(2), (3) も同様である. □

例 4.1

(1) $2^3 \times 2^5 = 2^{3+5} = 2^8 = 256$
(2) $(2^3)^2 = 2^{3\times 2} = 2^6 = 64$
(3) $2^3 \times 5^3 = (2 \times 5)^3 = 1\,000$ ((3) の性質を逆に用いた)
(4) $a^6 \times a^3 = a^{6+3} = a^9$
(5) $(a^3)^2 = a^{3\times 2} = a^6$

以下では $a \neq 0$ とする.(分母に a が現れるから)このとき,上の指数法則を n が 0 や負の整数に対しても成り立つようにするため,つぎのような定義を考えることにする.

定義 4.2

$$a^0 = 1 \tag{4.5}$$

と定める.このとき,0 ではない a に対して

$$a^n \times a^0 = a^n \times 1 = a^n = a^{n+0}$$

という指数法則が満たされている.同様に自然数 n について

$$a^{-n} = \frac{1}{a^n} \tag{4.6}$$

と定める.

注意:a^{-n} を上のように定めるのは指数法則

$$a^n \times a^{-n} = a^{n-n} = a^0 = 1$$

を成り立たせるようにするためである．

例 4.2

(1) $5^0 = 1$

(2) $3^{-2} = \dfrac{1}{3^2} = \dfrac{1}{9}$

(3) $(0.2)^{-3} = \dfrac{1}{(0.2)^3} = \dfrac{1}{0.008} = 125$

(4) $a^{-1} = \dfrac{1}{a}, \quad a^{-9} = \dfrac{1}{a^9}$

問 1. つぎの値を求めよ．

(1) 2^{-2} (2) 10^0 (3) 5^{-1} (4) $\left(\dfrac{1}{2}\right)^{-1}$

注意：[a^0 と a^{-n} を定義した意味] 1 時間ごとに a 倍になる数を考える．(簡単のため $a>0$ としておく．)〔例えば，時間ごとに増加するねずみの数，時間ごとに利子が付く預金など（最近ではこのような話はないが…）〕時間 $t=0$ での数を M とする．そのとき，時間が 1 時間経つごとに，数は $Ma, Ma^2, Ma^3, \cdots$ と増加する．また，$t=0$ から時間をさかのぼると，その数は 1 時間ごとに，$\dfrac{M}{a}, \dfrac{M}{a^2}, \dfrac{M}{a^3}, \cdots$ と減少するが，a^{-t} の定義より，その値はそれぞれ $Ma^{-1}, Ma^{-2}, Ma^{-3}, \cdots$ である．$t=0$ での値は $M = Ma^0$ だから，結局時間 t での数は t が正か 0 か負かに関係なく，Ma^t で表せることがわかる．このことを表で表すと，つぎの表 4.1 のようになる．

表 4.1 Ma^t の値

t	$\cdots$	-3	-2	-1	0	1	2	3	$\cdots$
数	$\cdots$	$\dfrac{M}{a^3}$	$\dfrac{M}{a^2}$	$\dfrac{M}{a}$	M	Ma^1	Ma^2	Ma^3	$\cdots$
a^t で表すと	$\cdots$	Ma^{-3}	Ma^{-2}	Ma^{-1}	Ma^0	Ma^1	Ma^2	Ma^3	$\cdots$

負の整数に対しても指数を定めたことによりつぎの指数法則が成立する．

定理 4.2 （指数法則 2） $a \neq 0, b \neq 0$ で，m, n が整数のとき，

(1) $a^m a^n = a^{m+n}$ \hfill (4.7)

(1)' $a^m \div a^n = a^{m-n}$ \hfill (4.8)

(2)　$(a^m)^n = a^{mn}$ \hfill (4.9)

(3)　$(ab)^m = a^m b^m$ \hfill (4.10)

(3)'　$\left(\dfrac{a}{b}\right)^m = \dfrac{a^m}{b^m}$ \hfill (4.11)

が成り立つ.

証明　(1) $m > 0, n < 0$ のときは $n = -s$ とおくと $s > 0$ であり, $a^m a^n = a^m \times \dfrac{1}{a^s} = a^{m-s} = a^{m+n}$ である. また, $m, n < 0$ のときは, $m = -r, n = -s$ とおいて上と同様に考えると $a^m a^n = \dfrac{1}{a^r} \times \dfrac{1}{a^s} = \dfrac{1}{a^{r+s}} = a^{m+n}$ が負の指数の定義からわかる.

(1)' (1) より $a^n a^{m-n} = a^{n+(m-n)} = a^m$ となるので成立する. 他の性質も同様に扱えばよい. □

例題 4.1　つぎの計算をせよ.

(1)　$a^5 a^{-3}$　　(2)　$a^7 \div a^4$

(3)　$(a^3)^{-2}$　　(4)　$\left(\dfrac{a}{b}\right)^{-3}$

【解答】

(1)　$a^5 a^{-3} = a^{5-3} = a^2$　　(2)　$a^7 \div a^4 = a^{7-4} = a^3$

(3)　$(a^3)^{-2} = a^{-6} = \dfrac{1}{a^6}$　　(4)　$\left(\dfrac{a}{b}\right)^{-3} = \dfrac{a^{-3}}{b^{-3}} = \dfrac{b^3}{a^3}$ ◇

問 2.　つぎの計算をせよ.

(1)　$a^{-2} a^5$　　(2)　$(a^2)^5$　　(3)　$a^2 \div a^{-5}$　　(4)　$\left(\dfrac{1}{a}\right)^{-3} \times a^{-2}$

問 3.　つぎの計算をせよ.

(1)　$3^3 \times 3^{-6} \div 3^{-4}$　　(2)　$32^2 \div 4^{-3} \times 8^{-5}$　　(3)　$10^{10} \times (2^2 \times 5^3)^{-4}$

指数の形を用いると, 科学などで現れる非常に大きい数や 0 に近い非常に小さい数をつぎのように表すことできる.

$$a \times 10^n$$

例 4.3　年間の, A 会社の売上げ高が 7 兆 2 千億円, B 会社の売上げ高が 8 兆 5

千億円，C 会社の売上げ高が 12 兆 2 千億円とする．このときこれらを $a \times 10^n$ の形で表すと

$$A : 7.2 \times 10^{12} \qquad B : 8.5 \times 10^{12} \qquad C : 12.2 \times 10^{12}$$

となる．こうすることにより，たがいの金額が比べやすくなる．

例 4.4 空気中における光の速さは 3.00×10^8 m/秒であることはよく知られている．また，地球の半径は 6.4×10^6 m，地球の公転周期は 3.2×10^7 秒ということも知られているが，すべて $a \times 10^n$ の形で表している．

問　題　4.1

問 1. つぎの計算をせよ．
(1) $a^7 \times a^4$ 　(2) $(a^3 b^2)^4$ 　(3) $a^2 \times (bc)^2 \times (a^2 b)^3$
(4) $((ab^2)^3)^4$ 　(5) $(a^2 b)^3 \times ab^3 \times (a^4 b^5)^6$

問 2. つぎの計算をせよ．
(1) $2^3 \times 2^4 \div 2^5$ 　(2) $6^4 \div 2^{-3} \times 3^{-3}$
(3) $(a^{-2} b)^3 \times (a^2 b^3)^{-2}$ 　(4) $2 \times 10^{12} \div (5 \times 10^5)$

問 3. 電子の質量は 9.1×10^{-28} g であり，水素原子の質量はおよそ 1.7×10^{-24} g である．水素原子の質量は電子の質量のおよそ何倍か．

問 4. 光の空気中の速さは 3.0×10^8 m/秒である．地球から太陽までの距離がおおよそ 1.5×10^8 km であるとすると，光が太陽から地球に届くまでどのぐらいかかるか．

4.2　累　乗　根

定義 4.3 実数 a と正の整数 n について n 乗して a となる数，すなわち，

$$x^n = a \qquad (4.12)$$

となる数 x を a の **n 乗根**，または a の **累乗根** と呼ぶ．特に，2 乗して a となる数を a の **平方根** または 2 乗根という．

例 4.5 9 の平方根は 3 と -3 である．また，2 は 3 乗すると 8 になるので 2 は 8 の 3 乗根の 1 つである．

例題 4.2 8 の 3 乗根をすべて求めよ．

【解答】 方程式 $x^3 - 8 = 0$ を満たす x を求めればよい．定理 1.2 の因数定理より $x^3 - 8$ は $x - 2$ で割り切れるので，$x^3 - 8 = (x-2)(x^2 + 2x + 4)$ となる．解の公式を利用すると $x = 2$ と $x = -1 \pm \sqrt{3}i$ が得られる．ここで，$i = \sqrt{-1}$ は虚数単位である． ◇

注意：一般に a の n 乗根 x は，方程式 $x^n - 1 = 0$ を満たすので定理 1.3 より複素数まで含めると n 個あることが知られている．しかしながら，例えば 32 の 5 乗根を求めるときに 2 が 5 乗根の 1 つになることはすぐにわかるが，他の解は $x^4 + x^3 + x^2 + x + 1 = 0$ の解であり，この方程式を解くのは容易ではない．

そこで以下では累乗根はすべて実数の範囲で考えることにする．

例 4.6 8 の 3 乗根は 2 であり，-8 の 3 乗根は -2 である．また 16 の 4 乗根は 2 と -2 となる．

問 4. 81 の 4 乗根を求めよ．また，343 の 3 乗根を求めよ．

注意：n が奇数ならば，a の値は負の場合でも n 乗根は存在するが，偶数のときには a が負の場合には存在しない．例えば -16 の 4 乗根は存在しない．

累乗根の性質などを調べるために少し関数 $y = x^n$ について考えてみよう．

定義 4.4 n を 2 以上の整数とする．関数 $f(x)$ を $f(x) = x^n$ として定める．このとき，

$$(-1)^n = \begin{cases} 1 & (n \text{は偶数}) \\ -1 & (n \text{は奇数}) \end{cases} \tag{4.13}$$

となるので,

$$f(-x) = (-x)^n = (-1)^n x^n = \begin{cases} f(x) & (n \text{は偶数}) \\ -f(x) & (n \text{が奇数}) \end{cases} \tag{4.14}$$

したがって, $y = f(x) = x^n$ のグラフは図 **4.1**, 図 **4.2** のようになる.

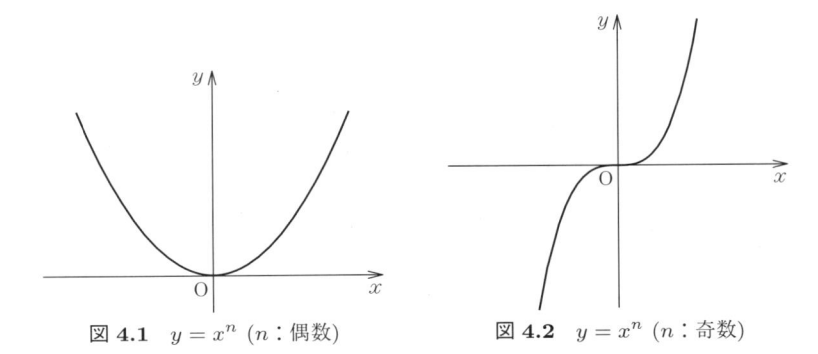

図 **4.1** $y = x^n$ (n : 偶数)　　　図 **4.2** $y = x^n$ (n : 奇数)

このグラフからつぎのことがわかる.

(i) n が偶数のとき
   - (1) $f(x) = x^n$ は y 軸に関し対称, すなわち $f(x)$ は偶関数である(定義 2.1 参照).
   - (2) $f(x)$ の値域は $x \geqq 0$.
   - (3) $f(x)$ は $x > 0$ の範囲で単調増加, $x < 0$ の範囲で単調減少(定義 2.2 参照).

(ii) n が奇数のとき
   - (1) $f(x) = x^n$ は原点に関し対称, すなわち $f(x)$ は奇関数である.
   - (2) $f(x)$ の値域は実数全体 $\mathbb{R}$.
   - (3) $f(x)$ はつねに単調増加.

定義 4.5

(1) n が奇数のとき a の n 乗根は a の正負に関係なく，ただ1つ定まる．それを $\sqrt[n]{a}$ で表す．

(2) n が偶数のとき $a>0$ のときは a の n 乗根は2つある．そのうちの正のほうを $\sqrt[n]{a}$ で表す．負のほうは $-\sqrt[n]{a}$ で表される．$a=0$ のときは n 乗根はただ1つでそれを $\sqrt[n]{0}=0$ で表す．また，$a<0$ のときは前の注意より a の n 乗根は存在しないことがわかる．

例 4.7 $\sqrt[3]{8}=2, \quad \sqrt[3]{-8}=-2, \quad \sqrt[4]{16}=2, \quad -\sqrt[4]{16}=-2$

定理 4.3 累乗根に関してつぎが成り立つ．$a>0, b>0$ で，m, n が正の整数のとき，

$$(1) \quad (\sqrt[n]{a})^n = a \tag{4.15}$$

$$(2) \quad \sqrt[n]{a}\sqrt[n]{b} = \sqrt[n]{ab} \tag{4.16}$$

$$(3) \quad \frac{\sqrt[n]{a}}{\sqrt[n]{b}} = \sqrt[n]{\frac{a}{b}} \tag{4.17}$$

$$(4) \quad (\sqrt[n]{a})^m = \sqrt[n]{a^m} \tag{4.18}$$

$$(5) \quad \sqrt[m]{\sqrt[n]{a}} = \sqrt[mn]{a} \tag{4.19}$$

証明

(1) これは累乗根の定義より明らかである．

(2) $x = \sqrt[n]{a}\sqrt[n]{b}$ とおくと，$x>0$ で

$$x^n = (\sqrt[n]{a}\sqrt[n]{b})^n = (\sqrt[n]{a})^n(\sqrt[n]{b})^n = ab$$

したがって $x = \sqrt[n]{ab}$ となる．ゆえに $\sqrt[n]{a}\sqrt[n]{b} = \sqrt[n]{ab}$ となる．

(3) (2) から

$$\sqrt[n]{b}\sqrt[n]{\frac{a}{b}} = \sqrt[n]{b \times \frac{a}{b}} = \sqrt[n]{a}$$

したがって $\sqrt[n]{a} \div \sqrt[n]{b} = \sqrt[n]{\frac{a}{b}}$ となる.

(4) $x = (\sqrt[n]{a})^m$ とおくと, $x > 0$ で

$$x^n = ((\sqrt[n]{a})^m)^n = (\sqrt[n]{a})^{mn} = ((\sqrt[n]{a})^n)^m = a^m$$

よって $x = \sqrt[n]{a^m}$ となる.

(5) $x = \sqrt[m]{\sqrt[n]{a}}$ とおく. 指数法則より

$$x^{mn} = \left(\sqrt[m]{\sqrt[n]{a}}\right)^{mn} = (\sqrt[n]{a})^n = a$$

したがって $x = \sqrt[mn]{a}$ がいえる. □

例題 4.3 つぎの式を簡単にせよ.

(1) $\sqrt[4]{400} \times \sqrt[4]{25}$ (2) $\sqrt[4]{400} \div \sqrt[4]{25}$

(3) $\sqrt{\sqrt[4]{256}}$ (4) $\sqrt[3]{\sqrt[4]{a}}$

【解答】
(1) $\sqrt[4]{400} \times \sqrt[4]{25} = \sqrt[4]{400 \times 25} = \sqrt[4]{2^4 \times 5^4} = \sqrt[4]{2^4} \times \sqrt[4]{5^4} = 2 \times 5 = 10$

(2) $\sqrt[4]{400} \div \sqrt[4]{25} = \sqrt[4]{\frac{400}{25}} = \sqrt[4]{16} = \sqrt[4]{2^4} = 2$

(3) $\sqrt{\sqrt[4]{256}} = \sqrt[8]{256} = \sqrt{2^8} = 2$

(4) $\sqrt[3]{\sqrt[4]{a}} = \sqrt[12]{a}$ ◇

問 5. つぎの値を求めよ.

(1) $\sqrt[3]{27}$ (2) $\sqrt[6]{64}$ (3) $\sqrt[5]{0.00001}$ (4) $\sqrt[3]{-0.125}$

問 題 4.2

問 1. つぎの累乗根を求めよ. (ただし, 実数の範囲で求めよ.)

(1) 27 の 3 乗根 (2) 625 の 4 乗根

(3) −64 の 3 乗根 (4) 4 の 4 乗根

問 2. つぎの式の値を求めよ.
(1) $\sqrt{3^6}$ (2) $\sqrt[5]{3^{15}}$ (3) $\sqrt[3]{2}\sqrt[3]{4}$ (4) $\sqrt[3]{3^4} \div \sqrt[3]{3}$

問 3. つぎの式を簡単にせよ.
(1) $(\sqrt[4]{16})^2$ (2) $\sqrt[3]{6} \times \sqrt[3]{36}$ (3) $\sqrt[5]{972} \div \sqrt[5]{4}$ (4) $\sqrt{\sqrt[3]{343}}$

4.3 指数の拡張

前の 2 節で指数法則を整数の場合まで考えた. ここでは有理数の場合にまで拡張することを考えてみる. まず, 指数が有理数の場合を定義しよう.

定義 4.6 (有理数を指数とする累乗) $a > 0$ で, m が整数, n が正の整数のとき,

$$a^{\frac{m}{n}} = \sqrt[n]{a^m} = (\sqrt[n]{a})^m \tag{4.20}$$

と定める. 特に,

$$a^{\frac{1}{n}} = \sqrt[n]{a} \tag{4.21}$$

とする.

例 4.8 (1) $16^{\frac{1}{4}} = \sqrt[4]{16} = 2$ (2) $125^{-\frac{2}{3}} = \dfrac{1}{(\sqrt[3]{125})^2} = \dfrac{1}{5^2} = \dfrac{1}{25}$
(3) $\sqrt[3]{a^5} = a^{\frac{5}{3}}$ (4) $\dfrac{1}{\sqrt[3]{a^2}} = a^{-\frac{2}{3}}$

問 6. つぎの値を求めよ.
(1) $8^{\frac{2}{3}}$ (2) $9^{-\frac{1}{2}}$ (3) $16^{\frac{3}{4}}$ (4) $100^{\frac{1}{2}}$

上のように有理数の指数を定義する理由を考えてみよう. 例えば 1 年ごとに a 倍になる数を考える. (簡単のため, $a > 0$ としておく) このとき, この数は 1 箇月ごとにどのように増えるであろうか. 極端なケースとしてつぎの 2 つの場合が考えられる.

4.3 指数の拡張

(1) 1年経って初めて a 倍になる場合.

(2) いつも一定のペースで増加する場合.

例としては例えば動植物の中には一定に季節にならないと繁殖（世代の受け継ぎ）をしないケースが多い．このときは (1) の場合の例である．一方，利子付きの預金などでは，年利何 % といっても，1箇月ごとに利息を計算する必要が生じる．この場合は，(2) の場合に近いといえる．ここでは，(2) の場合について考えてみる．簡単のため，最初の値は 1 であるとする．このときつぎの問題が考えられる．『1年経つごとに a 倍になる数 A があるとする．最初の値が 1 で，かつ数 A はいつも一定のペースで増加するならば，1箇月後の数 A はいくつになるか？』いま 1 箇月後の数 A が x になったとする．数 A が一定のペースで増加するので，2箇月目には前の月の x 倍，したがって数 A の値は $x \times x = x^2$ になる．同様に 3 箇月目には，数 A は前の月の a 倍になるので，A の値は $x^2 \times x = x^3$ になる．こうして 1 年経ったとき，A の値は x^{12} となる．最初の仮定より，この値が a に等しいので，

$$x^{12} = a \quad \therefore \quad x = \sqrt[12]{a}$$

を得る．すなわち，数 A の 1 箇月後の値は，$\sqrt[12]{a}$ に等しい．$\dfrac{1}{12}$ 年目（1箇月）の値は，$a^{\frac{1}{12}}$ と書くのが便利なので，

$$a^{\frac{1}{12}} = \sqrt[12]{a} \tag{4.22}$$

の定義が自然のものとなる．これらのことをまとめると，**表 4.2** になる．

指数が有理数の場合でも，つぎの指数法則が成り立つ．

表 4.2 $A = a^t$ の値

月	0	1	2	3	$\cdots$	$\cdots$	12
年	0	$\frac{1}{12}$	$\frac{2}{12}$	$\frac{3}{12}$	$\cdots$	$\cdots$	1
数 A	0	x	x^2	x^3	$\cdots$	$\cdots$	$x^{12} = a$
数 A を a^t で表す (t:年)	a^0	$a^{\frac{1}{12}}$	$a^{\frac{2}{12}}$	$a^{\frac{3}{12}}$	$\cdots$	$\cdots$	$a^1 = a$

定理 4.4 (指数法則 3) $a>0, b>0$ で, p, q が有理数のとき,

$(1)\quad a^p a^q = a^{p+q}$ \hfill (4.23)

$(1)'\quad a^p \div a^q = a^{p-q}$ \hfill (4.24)

$(2)\quad (a^p)^q = a^{pq}$ \hfill (4.25)

$(3)\quad (ab)^p = a^p b^p$ \hfill (4.26)

$(3)'\quad \left(\dfrac{a}{b}\right)^p = \dfrac{a^p}{b^p}$ \hfill (4.27)

証明 通分することにより, 有理数 p と q の分母を合わせておくと, $p = \dfrac{m}{n}, q = \dfrac{l}{n}$ と表示できる. ただし, m, l は整数で, n は正の整数とする.

(1) $a^p a^q = a^{\frac{m}{n}} a^{\frac{l}{n}} = \sqrt[n]{a^m} \sqrt[n]{a^l} = \sqrt[n]{a^m a^l} = \sqrt[n]{a^{m+l}} = a^{\frac{m+l}{n}} = a^{\frac{m}{n}+\frac{l}{n}} = a^{p+q}$

$(1)'$ (1) より $a^q a^{p-q} = a^{q+(p-q)} = a^p$ からいえる.

(2) $(a^p)^q = (\sqrt[n]{a^m})^q = \sqrt[n]{(\sqrt[n]{a^m})^l} = \sqrt[n]{\sqrt[n]{a^{ml}}} = \sqrt[n^2]{a^{ml}} = a^{\frac{ml}{n^2}} = a^{\frac{m}{n}\frac{l}{n}} = a^{pq}$

(3) $(ab)^p = \sqrt[n]{(ab)^m} = \sqrt[n]{a^m b^m} = \sqrt[n]{a^m} \sqrt[n]{b^m} = a^{\frac{m}{n}} b^{\frac{m}{n}} = a^p b^p$

$(3)'$ $\left(\dfrac{a}{b}\right)^p b^p = a^p$ が (3) より成り立つ. よって結論がいえる. □

上の計算法則を用いてつぎの計算ができる.

例題 4.4 つぎの計算をせよ.

(1) $4^{\frac{4}{3}} \times 4^{\frac{1}{6}}$ (2) $(16^{\frac{1}{6}})^{-\frac{3}{2}}$ (3) $\sqrt[6]{ab^{-3}} \times \sqrt[6]{a^5} \div \dfrac{1}{\sqrt{b}}$

(4) $\sqrt[3]{\sqrt{a^3 b^2}} \div \dfrac{1}{\sqrt{a}\sqrt[3]{b}}$

【解答】

(1) $4^{\frac{4}{3}} \times 4^{\frac{1}{6}} = 4^{\frac{4}{3}+\frac{1}{6}} = 4^{\frac{3}{2}} = (\sqrt{4})^3 = 8$

(2) $(16^{\frac{1}{6}})^{-\frac{3}{2}} = 16^{\frac{1}{6}\cdot\left(-\frac{3}{2}\right)} = 16^{-\frac{1}{4}} = \dfrac{1}{\sqrt[4]{16}} = \dfrac{1}{2}$

(3) $\sqrt[6]{ab^{-3}} \times \sqrt[6]{a^5} \div \dfrac{1}{\sqrt{b}} = (ab^{-3})^{\frac{1}{6}} \times a^{\frac{5}{6}} \div b^{-\frac{1}{2}} = a^{\frac{1}{6}} b^{-\frac{1}{2}} a^{\frac{5}{6}} b^{\frac{1}{2}} = a$

(4) $\sqrt[3]{\sqrt{a^3b^2}} \div \dfrac{1}{\sqrt{a}\sqrt[3]{b}} = (a^3b^2)^{\frac{1}{3}\cdot\frac{1}{2}} \div \dfrac{1}{a^{\frac{1}{2}}b^{\frac{1}{3}}} = a^{\frac{1}{2}}b^{\frac{1}{3}}\cdot a^{-\frac{1}{2}}b^{-\frac{1}{3}} = 1$ ◇

さらに，つぎのような式の計算ができる．

例題 4.5 つぎの各式を簡単にせよ．

(1) $(2^{\frac{1}{3}}+1)(2^{\frac{2}{3}}-2^{\frac{1}{3}}+1)$ (2) $(2+\sqrt{3})^{-2}+(2-\sqrt{3})^{-2}$

【解答】

(1) 展開公式
$$(a+b)(a^2-ab+b^2) = a^3+b^3$$
を利用することで $(2^{\frac{1}{3}}+1)(2^{\frac{2}{3}}-2^{\frac{1}{3}}+1) = (2^{\frac{1}{3}})^3+1 = 2+1 = 3$

(2) $(2+\sqrt{3})^{-2}+(2-\sqrt{3})^{-2} = \dfrac{1}{(2+\sqrt{3})^2}+\dfrac{1}{(2-\sqrt{3})^2} = \dfrac{1}{7+4\sqrt{3}}+\dfrac{1}{7-4\sqrt{3}} = \dfrac{7-4\sqrt{3}}{49-48}+\dfrac{7+4\sqrt{3}}{49-48} = 7-4\sqrt{3}+7+4\sqrt{3} = 14$ ◇

問 7. つぎの各式を簡単にせよ．

(1) $(27^{\frac{1}{2}})^{\frac{4}{3}}$ (2) $2^{\frac{1}{4}} \div 2^{-\frac{3}{4}}$ (3) $8^{\frac{1}{2}} \times 8^{-\frac{1}{3}} \times 8^{\frac{3}{2}}$

(4) $9^{\frac{5}{6}} \times 9^{-\frac{1}{2}} \div 9^{\frac{1}{3}}$

ではつぎのような問を考えてみよう．

例題 4.6 p は有理数とする．$4^p+4^{-p}=7$ であるとき，8^p+8^{-p} の値はいくつか．

【解答】 $4=2^2, 8=2^3$ であることに注意をすると，$2^p=t$ とおくと，$4^p = (2^2)^p = 2^{2p} = (2^p)^2 = t^2$ となり，また，$8^p = (2^3)^p = 2^{3p} = (2^p)^3 = t^3$ がいえる．したがって問題は

『$t^2+t^{-2}=7$ のとき，t^3+t^{-3} の値を求めよ．』

ということになる．$(t+t^{-1})^2 = t^2+2+t^{-2}$ であるから $(t+t^{-1})^2 = 9$ で $t+t^{-1} > 0$ に注意すると $t+t^{-1} = 3$ を得る．ところで，$t^3+t^{-3} = (t+t^{-1})^3-3(t+t^{-1})$ となるので，$t^3+t^{-3} = 3^3-9 = 27-9 = 18$，ゆえに $8^p+8^{-p} = 18$ がわかる． ◇

問 8. $a^x = 2$ のとき, $\dfrac{a^{-2x} + a^x}{a^{2x} - a^{-x}}$ の値を求めよ.

$a > 0$ のとき,a の累乗 a^p を指数 p が有理数のときまで定めた.では p が無理数のときにはどのように定義すればよいのであろうか.例えば,$p = \sqrt{2}$ としてみよう.$p = \sqrt{2} = 1.41421\cdots$ であり,

$$a^1,\ a^{1.4},\ a^{1.41},\ a^{1.414},\ a^{1.4142},\ \cdots$$

は有理数の指数の定義からすべての値が定まる.このとき,これらの値は一定の値に近づくことが知られている.この一定の値で $a^{\sqrt{2}}$ の値を定義しよう.

一般につぎのように指数が無理数のときの累乗を定める.

定義 4.7 $a > 0$ と実数 p に対して,p の小数点表示を第 n 桁で打ち切った値を p_n とおく.n を限りなく大きくすると a^{p_n} はある一定の値に近づくことが知られている.この値を a^p と定める.

定理 4.4 の指数法則は p, q が実数のときもそのまま成り立つことが知られている.

問　題　4.3

問 1. つぎの式の値を求めよ.
 (1) $(243)^{\frac{3}{5}}$ 　(2) $(8^{\frac{3}{2}})^{\frac{4}{9}}$ 　(3) $32^{-0.4}$ 　(4) $100^{-0.5}$

問 2. つぎの各式を簡単にせよ.
 (1) $4^{\frac{1}{3}} \times 4^{\frac{1}{4}} \div 4^{\frac{1}{12}}$ 　(2) $\left\{\left(\dfrac{16}{9}\right)^{-\frac{3}{4}}\right\}^{\frac{5}{3}}$ 　(3) $\sqrt{a^3 b^4} \div (ab)^{\frac{3}{2}}$
 (4) $(a^{\frac{1}{2}} b^{-\frac{3}{2}})^{\frac{1}{2}} \times a^{\frac{3}{4}} \div b^{-1}$ 　(5) $\sqrt{a^{-\frac{5}{3}} b^3} \div \sqrt[3]{a^{\frac{1}{2}} b^4}$
 (6) $(3^{\frac{1}{2}} + 3^{-\frac{1}{2}})^3$ 　(7) $6^2 \times \sqrt{216} \div 4^{-1} \div \sqrt[4]{576}$
 (8) $(\sqrt[3]{6} - \sqrt[3]{4})(\sqrt[3]{36} + \sqrt[3]{24} + \sqrt[3]{16})$

問 3. $4^p = 5$ のとき,$\dfrac{8^p + 8^{-p}}{2^p + 2^{-p}}$ の値を求めよ.

4.4 指数関数とそのグラフ

定義 4.8 (指数関数) $a > 0, a \neq 1$ とするとき,

$$y = a^x \tag{4.28}$$

で表せる関数を a を底とする**指数関数**という.

例 4.9 $a = 2$ のときの関数 $y = 2^x$ について調べてみる.まず,x が整数のときは 2^x の値は容易に求められる.x が有理数のときは例えば,$2^{\frac{1}{2}} = \sqrt{2} = 1.414\cdots$ であり,

$$2^{\frac{3}{2}} = 2 \times 2^{\frac{1}{2}} = 2\sqrt{2}, \quad 2^{\frac{5}{2}} = 4\sqrt{2}, \quad 2^{-\frac{1}{2}} = \frac{\sqrt{2}}{2}, \quad 2^{-\frac{3}{2}} = \frac{\sqrt{2}}{4}, \cdots$$

が得られるので,**表 4.3** がつくれる.

表 4.3 $y = 2^x$ の値

x	$-\frac{3}{2}$	-1	$-\frac{1}{2}$	$-\frac{1}{4}$	0	$\frac{1}{4}$	$\frac{1}{2}$	$\frac{3}{4}$	1	$\frac{3}{2}$
2^x	0.354	0.5	0.707	0.841	1	1.189	1.414	1.682	2	2.828

このようにして,x が有理数のときの値を座標平面上にとり,なめらかな曲線を描くと**図 4.3** のような $y = 2^x$ のグラフが得られる(曲線をなめらかに描いてよいのは,定義 4.7 により a の無理数乗を定義したことなどによる).

一般に,$y = a^x$ のグラフは,$a > 1$ のときには右上がりの曲線,$0 < a < 1$ のときは右下がりの曲線で,**図 4.4**,**図 4.5** のようになる.

さて,指数関数 $y = 2^x$ の性質をまとめておこう.

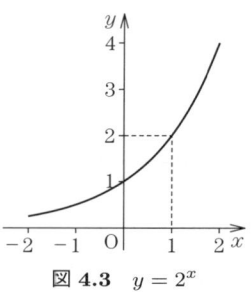

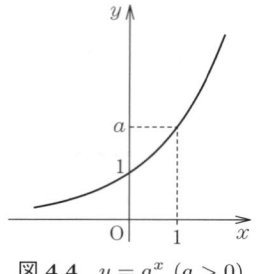

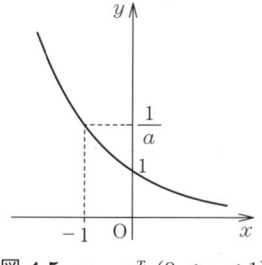

図 4.3 $y = 2^x$ 図 4.4 $y = a^x$ $(a > 0)$ 図 4.5 $y = a^x$ $(0 < a < 1)$

定理 4.5 （指数関数の性質）

(1) x のとる範囲（定義域）は実数全体 $\mathbb{R}$, y の値（値域）のとる範囲は正の実数全体.

(2) グラフは点 $(0, 1)$ を通る．（すなわち，$a^0 = 1$）

(3) $a > 1$ のとき，単調増加の関数で，$0 < a < 1$ のとき，単調減少の関数となる．

(4) $y = a^x$ のグラフは x 軸を漸近線とする曲線である．

証明　(3) のみを示すことにする．そのために

$a > 1$, $p > 0$ となる実数について $a^p > 1$ となる

をいう．まず，p が整数ならば $a^p > 1$ は明らか．そこで，p が有理数とすると $p = \dfrac{m}{n}$（ただし，m, n は正の整数）と表される．このとき，

$$a^p = a^{\frac{m}{n}} = \sqrt[n]{a^m} > \sqrt[n]{1} = 1$$

が成り立つ．p が無理数のときは，p を小数点表示し，第 n 桁で打ち切った数を p_n とする．$p > 0$ なのである番号より先の n はすべて $p_n > 0$ とできる．このとき，p_n は有理数なので，$1 < a^{p_n}$ がわかる．よって $1 < a^{p_n} \leqq a^p$ がいえる．さて，$a > 1$ で，$x_1 < x_2$ となる 2 つの実数について

$$a^{x_2} \div a^{x_1} = a^{x_2 - x_1}$$

が成り立ち，$x_2 - x_1$ は正の実数であるから，上のことより $a^{x_2 - x_1} > 1$ となる．よって $a^{x_1} < a^{x_2}$ がいえて，関数は単調増加となる．

$0 < a < 1$ の場合は $\frac{1}{a} > 1$ なので，いま示したことから，$x_1 < x_2$ ならば，$\left(\frac{1}{a}\right)^{x_1} < \left(\frac{1}{a}\right)^{x_2}$，すなわち $\frac{1}{a^{x_1}} < \frac{1}{a^{x_2}}$ より，$a^{x_2} < a^{x_1}$ がわかる． □

例題 4.7 つぎの関数のグラフを描け．

(1) $y = 3^x$ (2) $y = 2^{x-1} + 2$

【解答】

(1) $3 > 1$ であるからグラフは右上がりの曲線で，その形は図 4.6 である．

(2) $y = 2^{x-1} + 2$ は $y - 2 = 2^{x-1}$ であるから，x 軸方向に 1，y 軸方向に 2 だけ $y = 2^x$ を平行移動したものである．したがって，グラフは図 4.7 のようになる． ◇

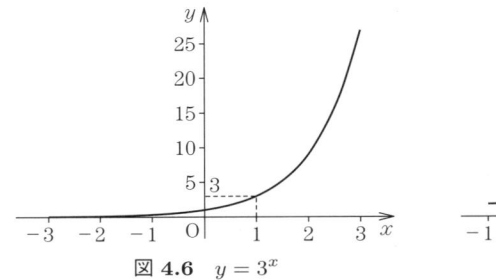

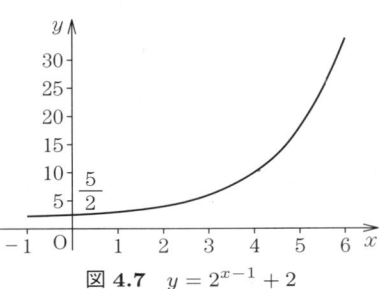

図 4.6　$y = 3^x$

図 4.7　$y = 2^{x-1} + 2$

問 9. $y = 4^x$ のグラフを描け．また，$y = 4^{-x}$ のグラフを描き，$y = 4^x$ のグラフと比較せよ．

$y = a^x$ のグラフを応用してみよう．まず数の大小関係を調べよう．

例題 4.8 つぎの数を大小の順に並べよ．

(1) $\sqrt{5}, \sqrt[4]{5^3}, \sqrt[7]{5^6}$ (2) $\sqrt{2}, \sqrt[3]{3}, \sqrt[6]{5}$

【解答】

(1) $\sqrt{5} = 5^{\frac{1}{2}}, \sqrt[4]{5^3} = (5^3)^{\frac{1}{4}} = 5^{\frac{3}{4}}, \sqrt[7]{5^6} = (5^6)^{\frac{1}{7}} = 5^{\frac{6}{7}}$ であるから，指数は $\frac{1}{2} < \frac{3}{4} < \frac{6}{7}$ で，$5 > 1$ であるから，$y = 5^x$ は単調増加の関数となることに注意すると，$\sqrt{5} < \sqrt[4]{5^3} < \sqrt[7]{5^6}$ がいえる．

(2) $\sqrt{2} = 2^{\frac{1}{2}}, \sqrt[3]{3} = 3^{\frac{1}{3}}, \sqrt[6]{5} = 5^{\frac{1}{6}}$ より分母を 6 にそろえると順に $\sqrt{2} = 2^{\frac{3}{6}}, \sqrt[3]{3} = 3^{\frac{2}{6}}, \sqrt[6]{5} = 5^{\frac{1}{6}}$ であるから, $\sqrt{2} = (2^3)^{\frac{1}{6}}, \sqrt[3]{3} = (3^2)^{\frac{1}{6}}, \sqrt[6]{5} = 5^{\frac{1}{6}}$ となる. このとき, $2^3 = 8, 3^2 = 9$ であるから, $5 < 2^3 < 3^2$. ゆえに $\sqrt[6]{5} < \sqrt{2} < \sqrt[3]{3}$ となる. ◇

問題 4.4

問 1. つぎの関数のグラフを描け.
　(1) $y = 2^x - 1$ 　(2) $y = 2^x + 2^{-x}$ 　(3) $y = 3^{|x|}$

問 2. つぎの各組の数を大小の順に並べよ.
　(1) $1, \sqrt[3]{3}, \sqrt[4]{9}, \sqrt[7]{27}$ 　(2) $\sqrt{3}, \sqrt[3]{4}, \sqrt[4]{5}$ 　(3) $2^{30}, 3^{20}$
　(4) $\sqrt[3]{\dfrac{4}{9}}, \sqrt[3]{\dfrac{9}{16}}, \sqrt[3]{\dfrac{8}{27}}$

4.5 指数方程式, 指数不等式

指数関数のグラフを利用して簡単な指数に関する方程式, 不等式を解いてみる.

例題 4.9 つぎの方程式と不等式を解け.
　(1) $2^x = 16$ 　　(2) $2^x < 16$

【解答】
(1) $y = 2^x$ のグラフは単調増加だから $2^x = 16$ を満たす解はただ 1 つとなる. $2^4 = 16$ であるから $x = 4$ となる.
(2) (1) と同様に $y = 2^x$ のグラフは単調増加になるので $2^x < 16 = 2^4$ を満たすのは $x < 4$ である. ◇

問 10. つぎの方程式を解け.
　(1) $3^{3x} = 9$ 　(2) $9^x = \dfrac{1}{3}$ 　(3) $9^x = 3^{x-2}$

ではつぎにやや複雑な指数方程式や不等式を考えてみる.

4.5 指数方程式，指数不等式

例題 4.10 方程式 $9^x - 4 \times 3^{x+1} + 27 = 0$ を解け．

【解答】 解法は以下の順で行うと楽である．
1) まず $t = 3^x$ とおき，上の方程式を t を用いて表してみる．実際，$9^x - 4 \times 3^{x+1} + 27 = 3^{2x} - 4 \times 3^x 3^1 + 27 = (3^x)^2 - 12 \times 3^x + 27 = t^2 - 12t + 27$ となる．したがって t の方程式

$$t^2 - 12t + 27 = 0$$

が得られる．

2) t の方程式を実際に求める．$t^2 - 12t + 27 = (t-3)(t-9) = 0$ だから，$t = 3$, $t = 9$ がわかる．

3) 2) の解から x を求める．$3^x = 3$ のとき，$x = 1$ で，$3^x = 9$ のとき $x = 2$ となる． ◇

問 11. つぎの方程式を解け．
 (1) $9^x + 3^x = 90$ (2) $9^x + 2 \cdot 3^{x+1} = 27$

注意：例題 4.10 の解法をまとめると以下のようになる．
1) $t = a^x$ として与えられた方程式を t の方程式に変換する．
2) t の方程式を実際に解く．
3) 2) の解の 1 つが b ならば $a^x = b$ という指数方程式を解く．

つぎに指数関数における連立方程式を解いてみよう．

例題 4.11 つぎの連立方程式を解け．

$$\begin{cases} 2^x = 8^{y+1} \\ 5^{x+1} = 25^y \end{cases}$$

【解答】 $8 = 2^3$ より $8^{y+1} = 2^{3(y+1)}$ である．また，$25 = 5^2$ だから $25^y = 5^{2y}$ となる．したがって連立方程式は $2^x = 2^{3y+3}$, $5^{x+1} = 5^{2y}$ となり，x, y は

$\begin{cases} x = 3y + 3 \\ x + 1 = 2y \end{cases}$ を満たす．これを解くと，$3y + 3 + 1 = 2y$ から $y = -4$, $x = -9$

となる． ◇

問 12. つぎの連立方程式を解け.

$$\begin{cases} 4^{2x-y} = 8^{x+y-1} \\ 3^{3x+y} = 27 \end{cases}$$

最後に，指数関数を含む関数の最大値，最小値問題を考えてみよう．

例題 4.12 変数 x は実数の値をとるとし，関数を

$$y = 3(4^x + 4^{-x}) - 20(2^x + 2^{-x})$$

とおく．このとき，y の最小値を求めよ．

【解答】 $t = 2^x + 2^{-x}$ とおく．相加相乗平均の定理より $t \geqq 2$ である．また，$4^x + 4^{-x} = (2^x + 2^{-x})^2 - 2$ から，y を t で表すと

$$y = 3(t^2 - 2) - 20t = 3t^2 - 20t - 6$$

が得られる．このとき $y = 3\left(t - \dfrac{10}{3}\right)^2 - \dfrac{118}{3}$ となるが，$\dfrac{10}{3} > 2$ から $t = \dfrac{10}{3}$ のとき最小値 $-\dfrac{118}{3}$ を得る． ◇

問 題 4.5

問 1. つぎの方程式，不等式を解け．
  (1) $3^x = 81$ (2) $2^x > 8$ (3) $\left(\dfrac{1}{2}\right)^x < 4$
  (4) $2^{5x-4} = 32$ (5) $\left(\dfrac{1}{3}\right)^x > \dfrac{1}{27}$

問 2. つぎの方程式を解け．
  (1) $2^{2x} - 2^{x+1} - 48 = 0$ (2) $4^{x+1} + 2^{x+2} - 3 = 0$
  (3) $4^{x+1} - 5 \times 2^{x+2} + 16 = 0$ (4) $2^{x+2} - 2^{-x} = 3$

問 3. つぎの連立方程式を解け．
  (1) $3x - y = 1, \ 4^x + 2^y = 48$ (2) $4^x - 4^y = 48, \ 2^{x+y} = 32$
  (3) $2^x + 2^y = 40, \ 2^{x+y} = 256$ (4) $2^x = 1 - y, \ 2^{x+3} = 2y + 3$
  (5) $x + y = 5, \ x^{\frac{1}{2}} - y^{\frac{1}{2}} = 1$

問 4. 関数 $f(x) = 2^{2x} + 2^{-2x} - 5(2^x + 2^{-x}) + 3$ の最小値を求めよ．また，そのときの x の値を求めよ．

問 5. 実数 x, y が $67^x = 27$, $603^y = 81$ を満たすならば，$\dfrac{3}{x} - \dfrac{4}{y} + 2 = 0$ であることを示せ．

章　末　問　題

【1】つぎの計算をせよ．
  (1) $2a^{\frac{1}{2}} \times a^{\frac{2}{3}} \times 6a^{-\frac{7}{3}} \times (a^{\frac{5}{3}} \div 3a^{\frac{3}{2}})$
  (2) $(a^{\frac{3}{2}} - ab^{\frac{1}{2}} + a^{\frac{1}{2}}b - b^{\frac{3}{2}}) \div (a^{\frac{1}{2}} - b^{\frac{1}{2}})$
  (3) $(a^{\frac{1}{2}} - b^{\frac{1}{2}})(a^{\frac{1}{2}} + b^{\frac{1}{2}})(a+b)$
  (4) $(a^{\frac{3}{2}} + b^{-\frac{3}{2}})(a^{\frac{3}{2}} - b^{-\frac{3}{2}}) \div (a^2 + ab^{-1} + b^{-2})$

【2】$x = \dfrac{1}{2}(3^{\frac{1}{2}} - 3^{-\frac{1}{2}})$ のとき，$(x + \sqrt{1+x^2})^2$ の値を求めよ．

【3】つぎの方程式または不等式を解け．
  (1) $3^{3x+1} - 13 \cdot 3^{2x} + 13 \cdot 3^x - 3 = 0$
  (2) $2^{2x-1} - 2^{x-2} + 2^{-x-1} = 1$
  (3) $a > 1$ とするとき，$a^{2x} + 1 < a^{x+2} + a^{x-2}$

【4】つぎの 5 つの数を小さいほうから順に並べよ．
$$\sqrt{3}, \quad \sqrt[4]{8}, \quad \frac{7}{9}, \quad \sqrt{5}+\sqrt{2}, \quad \frac{1}{\sqrt{5}-1}$$

【5】関数 $y = -4^x + 2^x + 2$ の $-2 \leqq x \leqq 1$ の範囲での最大値と最小値を求めよ．

【6】$10^3 < 2^{10}$ を利用して 5^{999} と 2^{2331} の大小を比較せよ．

【7】a, b は正数，関数 $f(x) = \dfrac{b}{a^x}$ は $f\left(-\dfrac{1}{3}\right) = 1$, $f\left(\dfrac{2}{3}\right) = 2$ を満たすとする．
  (1) 正数 a, b の値を求めよ．
  (2) $f(x) = \sqrt{2}$ を満たす実数 x の値を求めよ．

【8】$a = \sqrt[6]{\dfrac{8}{81}}$, $b = \sqrt[5]{\dfrac{4}{27}}$, $c = \sqrt[4]{\dfrac{2}{9}}$ とおくとき，
  (1) a の値を小数第 2 位まで求めよ．ただし，$\sqrt[3]{9} = 2.08$ とする．
  (2) a, b, c のうち最大の数はどれか．

5 対 数 関 数

5.1 対数の定義と性質

a の累乗 $a^p = M$ から p を求める操作である対数を考えよう．

定義 5.1（対数） $a > 0, a \neq 1$ を満たす実数 a に対して，指数関数 $y = a^x$ が定義された．指数関数は，単調関数であったので，任意の正の実数 M に対して

$$a^p = M \tag{5.1}$$

となる実数 p がただ 1 つ定まる．この p を

$$p = \log_a M \tag{5.2}$$

と表し，a を**底**とする M の**対数**という．M を $\log_a M$ の**真数**という．

例 5.1 $2^2 = 4$ より $\log_2 4 = 2$, $5^3 = 125$ より $\log_5 125 = 3$ である．また $2^{-2} = \dfrac{1}{4}$ より $\log_2 \dfrac{1}{4} = -2$ となる．

問 1. つぎの関係を $\log_a M = b$ の形に書き換えよ．
   (1) $27 = 3^3$ (2) $5 = 25^{\frac{1}{2}}$ (3) $10^{-3} = 0.001$

5.1 対数の定義と性質

例題 5.1 つぎの値を求めよ．

(1) $\log_9 3$ (2) $\log_4 2\sqrt{2}$

【解答】

(1) $\log_9 3 = p$ とおく．$3 = 9^p$ より $3 = 3^{2p}$ となる．よって $2p = 1$ から $p = \dfrac{1}{2}$ である．

(2) $\log_4 2\sqrt{2} = p$ とおく．$2\sqrt{2} = 4^p$ となるので，両辺を 2 の指数で表すと $2^{\frac{3}{2}} = 2^{2p}$ となる．よって $\dfrac{3}{2} = 2p$ から $p = \dfrac{3}{4}$ がわかる． ◇

問 2． つぎの値を求めよ．

(1) $\log_8 4$ (2) $\log_9 27$ (3) $\log_{\frac{1}{3}} \sqrt{3}$ (4) $\log_2 \sqrt[3]{4}$

例題 5.2 つぎの式を満たす a の値を求めよ．

(1) $\log_a 27 = 3$ (2) $\log_3 a = -\dfrac{2}{3}$

【解答】

(1) $a^3 = 27$ となるので，$a^3 = 3^3$ から，$a = 3$ となる．

(2) $a = 3^{-\frac{2}{3}}$ となるので，$a = \dfrac{1}{\sqrt[3]{9}}$ である． ◇

累乗に関して指数法則が成り立つことがわかった．この指数法則を対数の定義を用いて考えるとつぎのような対数の性質が導かれる．

定理 5.1 $a > 0, a \neq 1$ のとき

(1) $\log_a 1 = 0$ (5.3)

(2) $\log_a a = 1$ (5.4)

が成り立つ．

証明 (1) $1 = a^0$ だから $\log_a 1 = 0$ となる．(2) $a = a^1$ であるから $\log_a a = 1$ である． □

さらにつぎの性質が成り立つ．

定理 5.2 $a > 0$, $a \neq 1$, $M > 0$, $N > 0$ で r が実数のとき

(1) $\quad \log_a MN = \log_a M + \log_a N$ (5.5)

(2) $\quad \log_a \dfrac{M}{N} = \log_a M - \log_a N$ (5.6)

(3) $\quad \log_a M^r = r \log_a M$ (5.7)

証明 $\log_a M = p$, $\log_a N = q$ とおくと，$a^p = M$, $a^q = N$ が成り立つ．
(1) $MN = a^p a^q = a^{p+q}$ だから $\log_a MN = p + q = \log_a M + \log_a N$
(2) (1) より $\log_a \dfrac{M}{N} + \log_a N = \log_a M$ となるので明らか．
(3) $M^r = (a^p)^r = a^{pr}$ となるので，$\log_a M^r = pr = r \log_a M$ である． □

例題 5.3 つぎの各式を簡単にせよ．

(1) $\log_6 \dfrac{9}{2} + \log_6 8$ $\quad$ (2) $\log_5 250 - \log_5 2$

(3) $\dfrac{1}{2} \log_2 25 - \log_2 10$ $\quad$ (4) $\log_3 2 - \log_3 \sqrt{12}$

【解答】
(1) $\log_6 \dfrac{9}{2} + \log_6 8 = \log_6 \dfrac{9 \times 8}{2} = \log_6 36 = \log_6 6^2 = 2\log_6 6 = 2$

(2) $\log_5 250 - \log_5 2 = \log_5 125 = \log_5 5^3 = 3\log_5 5 = 3$

(3) $\dfrac{1}{2}\log_2 25 - \log_2 10 = \log_2 5 - \log_2 10 = \log_2 \dfrac{1}{2} = \log_2 2^{-1}$
$\qquad = -\log_2 2 = -1$

(4) $\log_3 2 - \log_3 \sqrt{12} = \log_3 \dfrac{2}{\sqrt{12}} = \log_3 \dfrac{2}{2\sqrt{3}} = \log_3 \dfrac{1}{\sqrt{3}}$
$\qquad = \log_3 3^{-\frac{1}{2}} = -\dfrac{1}{2}\log_3 3 = -\dfrac{1}{2}$ $\quad \diamondsuit$

問 3． つぎの値を求めよ．

(1) $\log_2 \dfrac{8}{3} + \log_2 6$ $\quad$ (2) $2\log_{10} 4 + \log_{10} 5 - \log_{10} 8$

(3) $\log_3 2 - \log_3 18$ $\quad$ (4) $\log_3 4 + \log_3 18 - 3\log_3 2$

(5) $\log_5 \sqrt{45} + \log_5 \dfrac{5}{3}$ $\quad$ (6) $2\log_{15} 5 - \log_{15} 15 + \log_{15} 9$

5.1 対数の定義と性質

例題 5.4 $\log_2 M = p$, $\log_2 N = q$, $\log_2 L = r$ のとき，つぎの各式を p, q, r を用いて表せ．

(1) $\log_2 MN^2L^3$　　(2) $\log_2 \sqrt{MN^3L^2}$

(3) $\log_2 \left(\dfrac{L^3}{MN}\right)^2$　　(4) $\log_2 \dfrac{\sqrt{L^3}}{\sqrt{M}\sqrt[3]{N}}$

【解答】

(1) $\log_2 MN^2L^3 = \log_2 M + 2\log_2 N + 3\log_2 L = p + 2q + 3r$

(2) $\log_2 \sqrt{MN^3L^2} = \dfrac{1}{2}\log_2 MN^3L^2 = \dfrac{1}{2}(\log_2 M + 3\log_2 N + 2\log_2 L)$
$= \dfrac{1}{2}(p + 3q + 2r)$

(3) $\log_2 \left(\dfrac{L^3}{MN}\right)^2 = 2\log_2 \dfrac{L^3}{MN} = 2(3\log_2 L - \log_2 M - \log_2 N)$
$= 6r - 2p - 2q$

(4) $\log_2 \dfrac{\sqrt{L^3}}{\sqrt{M}\sqrt[3]{N}} = \log_2 \sqrt{L^3} - \log_2 \sqrt{M} - \log_2 \sqrt[3]{N}$
$= \dfrac{3}{2}\log_2 L - \dfrac{1}{2}\log_2 M - \dfrac{1}{3}\log_2 N = \dfrac{1}{6}(9r - 3p - 2q)$ ◇

問　題　5.1

問 1. つぎの関係を対数記号を用いて表せ．
(1) $2^0 = 1$　　(2) $16^{\frac{1}{4}} = 2$　　(3) $3^5 = 243$　　(4) $100^{-\frac{1}{2}} = \dfrac{1}{10}$

問 2. つぎの値を求めよ．
(1) $\log_3 \dfrac{1}{3}$　　(2) $\log_4 8$　　(3) $\log_{64} \dfrac{1}{8}$　　(4) $\log_{\sqrt{3}} 9$
(5) $\log_4 \dfrac{1}{\sqrt{2}}$

問 3. つぎの等式を満たす a の値を求めよ．
(1) $\log_3 a = -\dfrac{1}{2}$　　(2) $\log_4 a = 0.5$　　(3) $\log_a 81 = 4$
(4) $\log_a \dfrac{4}{25} = -2$

問 4. つぎの各式を簡単にせよ．
(1) $\log_{10} \dfrac{4}{5} + 2\log_{10} \sqrt{25}$　　(2) $\log_3 \sqrt[3]{12} - \dfrac{2}{3}\log_3 2$

(3) $4\log_2 \sqrt{2} + \dfrac{1}{2}\log_2 3 + \log_2 \dfrac{2}{\sqrt{3}}$

(4) $\log_{10} 36 + \dfrac{1}{6}\log_{10} 9 - \log_{10} \sqrt[3]{24} - \log_{10} 6$

(5) $(\log_{10} 2)^3 + (\log_{10} 5)^3 + \log_{10} 2 \cdot \log_{10} 125$

問 5. $\log_{10} 2 = p$, $\log_{10} 3 = q$ とするとき，つぎの式の値を p, q で表せ．

(1) $\log_{10} 5$ (2) $\log_{10} 0.6$ (3) $\log_{10} 24$ (4) $\log_{10} \dfrac{1}{12}$

(5) $\log_{10} \sqrt{2.5}$

5.2 底の変換公式

底の異なる対数からなる式を計算するために，a を底とする対数を，a とは別の数を底とする対数に書き直すことを考えよう．

定理 5.3 （底の変換公式） $a > 0, a \neq 1, c > 0, c \neq 1, b > 0$ のとき

$$\log_a b = \dfrac{\log_c b}{\log_c a} \tag{5.8}$$

が成り立つ．

証明 $\log_a b = p$, $\log_c a = q$ とおくと，$a^p = b$ かつ $c^q = a$ が成り立つ．したがって，$b = a^p = (c^q)^p = c^{pq}$ となるので，

$$\log_c b = pq = (\log_a b)(\log_c a)$$

ゆえに公式が成り立つ． □

例題 5.5 つぎの値を求めよ．

(1) $\log_4 9 - \log_2 6$ (2) $(\log_4 5)(\log_5 8)$

【解答】

(1) 底を 2 にそろえると，$\log_4 9 - \log_2 6 = \dfrac{\log_2 9}{\log_2 4} - \log_2 6 = \dfrac{\log_2 3^2}{\log_2 2^2} - \log_2 6$
$= \dfrac{2\log_2 3}{2\log_2 2} - \log_2 6 = \log_2 3 - \log_2 6 = \log_2 \dfrac{3}{6} = \log_2 2^{-1} = -1$

(2) 底を 5 にそろえると，$(\log_4 5)(\log_5 8) = \dfrac{\log_5 5}{\log_5 4}(\log_5 8) = \dfrac{\log_5 2^3}{\log_5 2^2}$
$= \dfrac{3\log_5 2}{2\log_5 2} = \dfrac{3}{2}$ ◇

底の変換公式を用いると，対数の値を求めることが非常に簡単になる場合がある．

例題 5.6 つぎの値を求めよ．
(1) $\log_4 \dfrac{1}{\sqrt{2}}$　　(2) $\log_8 \dfrac{1}{2}$

【解答】
(1) 底を 2 にそろえると，$\log_4 \dfrac{1}{\sqrt{2}} = -\log_4 \sqrt{2} = -\dfrac{\log_2 \sqrt{2}}{\log_2 4}$
$= -\dfrac{\frac{1}{2}\log_2 2}{2\log_2 2} = -\dfrac{1}{4}$
(2) 底を 2 にそろえて $\log_8 \dfrac{1}{2} = -\log_8 2 = -\dfrac{\log_2 2}{\log_2 8} = -\dfrac{1}{3\log_2 2} = -\dfrac{1}{3}$ ◇

例題 5.7 つぎの式の値を求めよ．
(1) $\log_8 32$　　(2) $\log_3 8 \cdot \log_4 9$

【解答】
(1) 底を 2 にそろえると，$\log_8 32 = \dfrac{\log_2 32}{\log_2 8} = \dfrac{5\log_2 2}{3\log_2 2} = \dfrac{5}{3}$
(2) 底を 10 にそろえてみると，$\log_3 8 \cdot \log_4 9 = \dfrac{\log_{10} 8}{\log_{10} 3} \cdot \dfrac{\log_{10} 9}{\log_{10} 4}$
$= \dfrac{3\log_{10} 2}{\log_{10} 3} \cdot \dfrac{2\log_{10} 3}{2\log_{10} 2} = 3$ ◇

問 4. つぎの値を求めよ．
(1) $\log_3 18 - \log_9 4$　　(2) $\log_3 2 \cdot \log_2 27$　　(3) $\log_2 3 \cdot \log_{81} 8$
(4) $\dfrac{\log_9 16}{\log_3 8}$　　(5) $\log_3 5 \cdot \log_5 7 \cdot \log_7 9$
(6) $(\log_4 3 + \log_8 3)(\log_3 2 + \log_9 2)$

底の変換公式を用いるとつぎのことが成り立つ．

定理 5.4 a, b は正の実数で,$a \neq 1, b \neq 1$ のとき,

$$\log_a b \cdot \log_b a = 1 \tag{5.9}$$

が成り立つ.

証明 底を a にそろえると,$\log_a b \cdot \log_b a = \log_a b \cdot \dfrac{\log_a a}{\log_a b} = 1$ となる. □

例 5.2 $\log_2 3 \cdot \log_3 2 = 1$, $\log_4 9 \cdot \log_9 4 = 1$

6.8 節で扱うように,微分積分学では自然対数の底を基準とした指数関数 e^x を用いる.しかしながら,この場合でも実際は他の底を基準とした指数関数も取り扱えることがつぎの結果よりわかるであろう.

定理 5.5 a, c が正の実数で,$a \neq 1, c \neq 1$ のとき

$$a^x = c^{x \log_c a} \tag{5.10}$$

がいえる.

証明 定理 5.2 (3) より,$\log_c a^x = x \log_c a$ が成り立つ.$r = x \log_c a$ とおくと,$\log_c a^x = r$, したがって,$c^r = a^x$ が成り立ち,$c^{x \log_c a} = a^x$ がいえる. □

問題 5.2

問 1. つぎの各式の値を求めよ.
  (1) $\log_{\sqrt{5}} 125$ (2) $\log_2 3 \cdot \log_3 5 \cdot \log_5 8$
  (3) $(\log_2 3 + \log_4 9)(\log_3 4 + \log_9 2)$

問 2. $\log_2 3 = p, \log_3 5 = q$ のとき,つぎの式を p, q を用いて表せ.
  (1) $\log_2 5$ (2) $\log_2 10$ (3) $\log_{10} 6$

問 3. $\log_2 3 = p, \log_3 7 = q$ のとき,$\log_{42} 56$ を p, q を用いて表せ.

問 4. つぎの各式を簡単にせよ.
(1) $X = 10^{\log_{100} 3}$ (2) $X = 10^{-\log_{10} 2}$ (3) $X = a^{2\log_a x}$

5.3 対数関数とそのグラフ

$a > 0, a \neq 1$ のとき,

$$y = \log_a x \tag{5.11}$$

で表される x の関数 y を, a を**底**とする**対数関数**と呼ぶ.

注意:対数関数が用いられる場合としてつぎのようなケースがある.一般に小さな数から大きな数まで大きな変化をする値に対し,その大きさのレベルを知りたいときに対数が用いられる.例えば数 x が何桁かを知りたいときには $\log_{10} x$ が必要となる.その他以下のような例に用いられる.

例 5.3

(1) 地震の規模を表すマグニチュード $\cdots x$ を地震のエネルギーの大きさとしたとき,

$$\text{マグニチュード} = \log_{10\sqrt{10}} x + (\text{定数})$$

(2) 星の明るさを表す等星 $\cdots x$ を星の明るさとしたとき,

$$\text{等星} = -\log_a x + (\text{定数}) \quad (a = 10^{0.4} = 2.51\cdots)$$

(3) ペーハー (水素イオン濃度指数)

$$\text{pH} = -\log_{10}(\text{水素イオン濃度})$$

指数関数と対数関数に関しては

$$y = a^x \iff x = \log_a y$$

がいえるので，指数関数 $y = a^x$ と対数関数 $y = \log_a x$ は直線 $y = x$ に関して対称となる（定理 2.7）．4.4 節で調べた指数関数のグラフからグラフは図 **5.1**，図 **5.2** のものとなる．

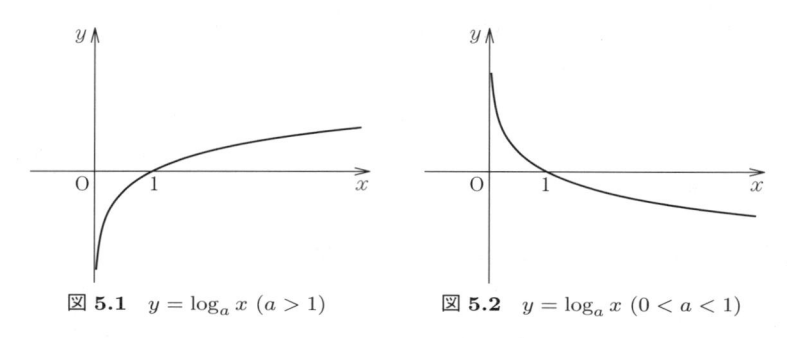

図 **5.1** $y = \log_a x \ (a > 1)$　　　図 **5.2** $y = \log_a x \ (0 < a < 1)$

このグラフから対数関数の性質がつぎのようになる．

定理 5.6 （対数関数の性質）　$a > 0, a \neq 1$ のとき，対数関数 $y = \log_a x$ はつぎの性質を満たす．

(1)　定義域は正の実数全体，値域は実数全体．

(2)　グラフは点 $(1, 0)$ を通る．

(3)　$a > 1$ のとき，$y = \log_a x$ は増加関数；$0 < a < 1$ のときは減少関数．

(4)　$y = \log_a x$ のグラフは y 軸を漸近線とする曲線である．

グラフを利用して数の大小関係を調べよう．

例題 5.8　$\dfrac{3}{2}, \log_2 \sqrt{7}$ の大小を比べよ．

【解答】　まず，$\dfrac{3}{2} = \dfrac{3}{2} \log_2 2 = \log_2 \sqrt{8}$ になることに注意する．対数関数 $y = \log_2 x$ のグラフは $x_1 < x_2$ ならば，$\log_2 x_1 < \log_2 x_2$ となることより，$7 < 8$ から $\log_2 \sqrt{7} < \dfrac{3}{2}$ となる． ◇

問 5. つぎの各数を大きさの順に並べよ．
(1) $\log_4 \sqrt{7}, \quad \log_4 3, \quad \log_4 \sqrt{8}$ (2) $\log_{0.5} 5, \quad \log_{0.5} 0.1, \quad \log_{0.5} 2$

例題 5.9 $1 < a < b < a^2$ のとき，

$$\log_a b, \quad \log_b a, \quad \log_a \frac{a}{b}, \quad \log_b \frac{b}{a}, \quad \frac{1}{2}$$

を大きさの順に並べよ．

【解答】 $b > a$ より $\log_a b > 1$ で $\log_a \frac{a}{b} < \log_a 1 = 0$ である．また，$\log_b a - \frac{1}{2}$
$= \frac{1}{2}(2\log_b a - 1) = \frac{1}{2}\log_b \frac{a^2}{b} > 0$ だから，$\frac{1}{2} < \log_b a < 1$. よって $0 < \log_b \frac{b}{a}$
$= 1 - \log_b a < \frac{1}{2}$. したがって $\log_a \frac{a}{b} < \log_b \frac{b}{a} < \frac{1}{2} < \log_b a < \log_a b$ となる． ◇

最後につぎのような例題を考える．

例題 5.10 $Y = \log_4 x + \log_4(16-x)$ は $x = a$ のとき最大値 b をとる．このとき，実数 a, b の値を求めよ．

【解答】 $Y = \log_4 x(16-x)$ であり，$x(16-x) = 16x - x^2 = -(x-8)^2 + 64$ となることから，Y は $a = 8$ で最大値 $b = \log_4 64 = 3$ をとる． ◇

問 題 5.3

問 1. つぎの数の大小を比べよ．
(1) $\log_2 3, \quad \log_3 4, \quad \log_4 2$ (2) $\frac{3}{2}, \quad \log_3 6, \quad \log_5 10$

問 2. $0 < a < 1$ のとき，$|\log_{10}(1-a)|$ と $\log_{10}(1+a)$ の大きさを比較せよ．

問 3. $1 < a < b$ のとき，

$$(\log_b a)^3, \quad \log_b a^3, \quad \log_b (\log_b a)^2$$

を大きさの順に並べよ．

5.4 対数方程式，対数不等式

つぎのことに注意しながら対数方程式または対数不等式を解いてみよう．
(1) $\log_a f(x)$ のときには必ず**真数条件** $f(x) > 0$ が必要となる．
(2) $\log_a M = \log_a N$ の形に変形して $M = N$ を示す．
(3) $\log_a f(x) = X$ とおき，X の方程式または不等式に直す．
(4) 底が異なるときは 1 つの底にそろえる．
(5) $\log_a M < \log_a N$ は $a > 1$ ならば，$M < N$ であり，$0 < a < 1$ ならば $M > N$ である．

この注意に従って方程式または不等式を解いてみる．

例題 5.11 つぎの対数方程式または不等式を解け．
(1) $\log_{10}(x-2) = 1$ (2) $\log_2(x+1) < \log_2(1-x)$
(3) $6(\log_2 x)^2 + \log_2 x^3 - 3 = 0$

【解答】
(1) 真数条件より $x - 2 > 0$ すなわち $x > 2$ である．$\log_{10}(x-2) = 1 = \log_{10} 10$ より $x - 2 = 10, x = 12$．この値は $x > 2$ を満たすので $x = 12$ となる．
(2) まず真数条件より $x + 1 > 0$ かつ $1 - x > 0$ だから $-1 < x < 1$ となる．底は 2 で 1 より大から $x + 1 < 1 - x$，ゆえに $2x < 0$ となるので $x < 0$．したがって $-1 < x < 0$ が求める範囲である．
(3) 真数条件より $x > 0$ である．$\log_2 x = X$ とおくと与式は $6X^2 + 3X - 3 = 0$，よって $2X^2 + X - 1 = 0$ より $(2X - 1)(X + 1) = 0$，ゆえに $X = \dfrac{1}{2}, X = -1$．したがって $\log_2 x = \dfrac{1}{2}$ から $x = \sqrt{2}$，$\log_2 x = -1$ から $x = \dfrac{1}{2}$．$x > 0$ に注意すると求める解は $x = \sqrt{2}, \dfrac{1}{2}$ である． ◇

問 6. つぎの方程式または不等式を解け．
(1) $\log_3(x+1) = 2$ (2) $\log_2 x + \log_2(x-3) = 2$

(3) $\log_3(x+1) < 2$ (4) $\log_{\frac{1}{2}}(2x-1) > \log_{\frac{1}{2}} x$

さらにつぎの例題を考える．

例題 5.12 $\log_{15}(2x^2-5x+2)+\log_{15}(3x^2+x-2)-\log_{15}(x^2-x-2)=1$
を解け．

【解答】 まず真数条件より $2x^2-5x+2>0, 3x^2+x-2>0$ かつ $x^2-x-2>0$
である．それぞれ因数分解すると $(2x-1)(x-2)>0, (3x-2)(x+1)>0$,
$(x-2)(x+1)>0$ より $x>2, x<\frac{1}{2}$, かつ $x>\frac{2}{3}, x<-1$, かつ $x>2, x<-1$.
したがって $x>2, x<-1$ となる．
与式から $(2x^2-5x+2)(3x^2+x-2)=15(x^2-x-2)$ であるので $(2x-1)(x-2)(3x-2)(x+1)=15(x-2)(x+1)$ で $x\neq 2, x\neq -1$ より $(2x-1)(3x-2)=15$,
したがって $6x^2-7x-13=0$ となり，$(x+1)(6x-13)=0$ より $x=-1, x=\frac{13}{6}$
真数条件から $x=\frac{13}{6}$ ◇

問　題　5.4

問 1. つぎの方程式を解け．
  (1) $\frac{3}{4}\log_2 x = \log_2 \sqrt{27}$ (2) $\log_{10}(x^2-3x)=1$
  (3) $\log_{10}(2x+1)+\log_{10} x = 1$
  (4) $\log_3(x^2+6x+5)-\log_3(x+1)-2=0$
  (5) $2^x=3^y, x^2=y^3$, ただし，x, y は 0 でない実数とする．

問 2. つぎの対数不等式を解け．
  (1) $\log_2(2x-5)\leqq 0$ (2) $\log_3(x+1)\geqq 2$
  (3) $\log_{10}(x^2-10x)<\log_{10}(3x-12)$
  (4) $\log_{0.5}(2x^2-8)>\log_{0.5}(x^2-3x+2)$

5.5 常用対数

10 を底とする対数を**常用対数**という．

任意の正の数 M は $M = a \times 10^k$（ただし，$1 \leq a < 10$ で k は整数とする．）と表される．したがって M の対数は

$$\log_{10} M = \log_{10} a + k \tag{5.12}$$

となる．よって $\log_{10} M$ の値は $1 \leq a < 10$ に対する常用対数 $\log_{10} a$ の値がわかればよい．この値は常用対数表と呼ばれる表から小数点 4 桁まで求められている．例えば $\log_{10} 2 = 0.3010$, $\log_{10} 3 = 0.4771$ である．

これらの値を利用してつぎの例題を考える．

例題 5.13 つぎの対数の値を小数点第 3 位まで求めよ．

(1) $\log_{10} 6$　　(2) $\log_2 10$　　(3) $\log_4 3$

【解答】

(1) $\log_{10} 6 = \log_{10} 2 + \log_{10} 3 = 0.778$　　(2) $\log_2 10 = \dfrac{1}{\log_{10} 2} = 3.322$

(3) $\log_4 3 = \dfrac{\log_{10} 3}{\log_{10} 4} = \dfrac{0.4771}{0.6020} = 0.793$ ◇

問 7. つぎの対数の値を小数点第 3 位まで求めよ．

(1) $\log_{10} 8$　　(2) $\log_{10} \dfrac{10}{3}$　　(3) $\log_2 12$

つぎに常用対数の応用を考えることにする．

例えば 1 より大きな正の数 M が $100 \leq M < 1000$ ならば，$2 \leq \log_{10} M < 3$ となる．逆に $2 \leq \log_{10} M < 3$ ならば，M は $100 \leq M < 1000$ となる．したがって，特に M が自然数のときはその桁数を求めることができる．

定理 5.7 正の数 M が

5.5 常用対数

$$n-1 \leqq \log_{10} M < n \tag{5.13}$$

を満たすならば M は整数部分が n 桁の数となる．

証明 $n-1 \leqq \log_{10} M < n$ ならば $10^{n-1} \leqq M < 10^n$ となるので $M = a \times 10^{n-1}$, (a は $1 \leqq a < 10$) と書け n 桁となる． □

この定理を利用してつぎの例題を考えることにする．

例題 5.14 $M = 3^{20}$ の桁数を求めよ．ただし，$\log 3 = 0.4771$ とする．

【解答】 $\log_{10} M = 20 \log_{10} 3 = 9.5420$ より $9 < \log_{10} M < 10$ となる．よって定理より桁数は 10 桁． ◇

問 8. つぎの数の桁数を求めよ．ただし，$\log_{10} 2 = 0.3010$ とする．
 (1) 2^{18} (2) 2^{60} (3) 2^{100}

$0 < M < 1$ のときにはつぎのことが成り立つ．

定理 5.8 $0 < M < 1$ である実数 M について

$$-n-1 \leqq \log_{10} M < -n \tag{5.14}$$

を満たすなら M は小数第 $(n+1)$ 位に初めて 0 でない数が現れる．

証明 $-n-1 \leqq \log_{10} M < -n$ だから $10^{-n-1} \leqq M < 10^{-n}$ となる．したがって，小数点に現れる 0 の個数は n 個となり，小数点第 $(n+1)$ 位に初めて 0 ではない数が現れる． □

例題 5.15 $M = 0.3^{10}$ は小数点第何位に初めて 0 でない数が現れるか．

【解答】 $\log_{10} M = 10 \log_{10} 0.3 = 10 \log_{10} \dfrac{3}{10} = 10(\log_{10} 3 - 1) = 4.771 - 10 = -5.229$. $-6 \leqq \log_{10} M < -5$ より小数点第 6 位に初めて 0 でない数が現れる． ◇

問 9. $M = 0.2^{10}$ は小数点第何位に初めて 0 でない数が現れるか．

例題 5.16　一定の比率で崩壊し，7 年経つと量が半分になる放射性元素がある．この放射性元素の初めの量を 1 とするとき，放射性元素が初めの量の $\frac{1}{10}$ になるのは，初めから数えて何年目か．

【解答】 x 年目のときに放射性元素の量が $\frac{1}{10}$ 以下だとすると $\left(\frac{1}{2}\right)^{\frac{x}{7}} \leqq \frac{1}{10}$ となる．したがって $\frac{x}{7} \log_{10} \frac{1}{2} \leqq \log_{10} \frac{1}{10}$. よって $-\frac{x}{7} \cdot \log_{10} 2 \leqq -1$. このとき，$x \geqq \frac{7}{\log_{10} 2} \geqq \frac{7}{0.3010} = 23.26 \cdots$.
ゆえに 24 年目である． ◇

問　題　5.5

問 1. $2^x \geqq 10\,000$ を満たす整数 x のうち最小のものを求めよ．ただし，$\log_{10} 2 = 0.3010$ とする．

問 2. (1)　25^{40} は何桁の数か．
(2)　$\left(\frac{1}{8}\right)^{40}$ は小数点第何位で初めて 0 でない数が現れるか．ただし，$\log_{10} 2 = 0.3010$ とする．

問 3. 1.25^n の整数部分 3 桁となるような自然数 n の範囲を求めよ．ただし，$\log_{10} 2 = 0.3010$ とする．

問 4. 光があるガラス板 1 枚を通過するごとにその強さを 1 割ずつ減らすという．同様のガラスを何枚重ねると通過する光の強さが元の $\frac{1}{2}$ 以下になるか．ただし，$\log_{10} 2 = 0.3010, \log_{10} 3 = 0.4771$ とする．

問 5. $2^3 < 10 < 2^4$ の辺々対数をとることにより，$0.25 < \log_{10} 2 < 0.34$ が成り立つことを確かめよ．類似な計算で，$0.3 < \log_{10} 2 < 0.305$ や $0.473 < \log_{10} 3 < 0.479$ が成り立つことを確かめてみよ．(参考：$2^{23} = 8\,388\,608$, $3^{19} = 1\,162\,261\,467$, $3^{23} = 94\,143\,178\,827$)

($\log_{10} 5, \log_{10} 6, \log_{10} 8$ などの計算は，

$$\log_{10} 5 = 1 - \log_{10} 2, \quad \log_{10} 6 = \log_{10} 2 + \log_{10} 3, \quad \log_{10} 8 = 3 \log_{10} 2$$

を用いる．実際に対数の値を求めるときは，テイラー展開というものを用いる

のが一般的で早い.）

章 末 問 題

【1】 つぎの等式は成り立つか．誤りがあれば右辺を正しい形に直せ．
(1) $\dfrac{\log_p ab}{\log_p c} = \log_p a + \log_p b - \log_p c$
(2) $\log_p ab = \log_p a \cdot \log_p b$
(3) $\log_a b \cdot \log_b c = \log_a c$

【2】 $2 < \log_n 20 < 3$ を満たすような自然数 n をすべて求めよ．

【3】 つぎの方程式または不等式を解け．ただし，$a > 0, a \neq 1$ とする．
(1) $\log_{10} x = y + 3, \quad \log_{10}(x + 11) = 2y + 4$
(2) $\log_a(\sqrt{4 - x^2} - x) = 0$
(3) $\log_4(x + 12) \cdot \log_x 2 = 1$
(4) $(\log_a 9x)(\log_a 27x) \leqq 2(\log_a 3)^2$

【4】 $\log_{10} a, \log_{10} b$ が 2 次方程式 $2x^2 - 5x + 2 = 0$ の 2 つの解とする．
(1) $\log_a b + \log_b a$ の値を求めよ．
(2) ab の値を求めよ．
(3) $\log_a b, \log_b a$ を解にもつ 2 次方程式を求めよ．

【5】 $0 \leqq x < \dfrac{\pi}{2}$ とする．不等式

$$\log_2 |\cos 2x| \leqq \log_4(3 \sin x) + \log_4(\cos x) \tag{5.15}$$

を解け．

【6】 (1) $\sqrt{2} \times (\sqrt{2})^2 \times (\sqrt{2})^3 \times \cdots \times (\sqrt{2})^n$ の値が 100 を超えるような最小の自然数 n の値を求めよ．
(2) $1 + \sqrt{2} + (\sqrt{2})^2 + (\sqrt{2})^3 + \cdots + (\sqrt{2})^n$ の値が 100 を超えるような最小の整数 n の値を求めよ．
ただし，$\log_{10} 2 = 0.3010, \sqrt{2} = 1.4$ とする．

6 微分法

6.1 曲線の傾きと微分係数

曲線 $y = f(x)$ 上の点を $\mathrm{P}(a, f(a))$ とする．点 P での曲線の傾きとはどのようなものだろうか？

$\mathrm{Q}(b, f(b))$ を P と異なる曲線 $y = f(x)$ 上の点としたとき，x の変化に対する y の変化の割合

$$\frac{f(b) - f(a)}{b - a}$$

は直線 PQ の傾きになる．この割合を，x が a から b まで変化するときの関数 $y = f(x)$ の**平均変化率**という（図 **6.1**）．

Q を曲線上に沿いながら限りなく P に近づけたときの平均変化率がちょうど

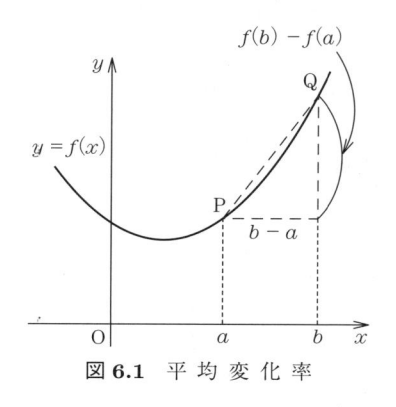

図 6.1 平 均 変 化 率　　　　**図 6.2** 微 分 係 数

点 P での曲線の傾きと考えてよいだろう．Q が P に限りなく近づくとき，b の値は a に限りなく近づくことに注意しよう．17 世紀後半，ドイツのライプニッツは以上のように考えて，つぎのような量を定義した．

定義 6.1 $\dfrac{f(b)-f(a)}{b-a}$ で b を限りなく a に近づけたとき，$\dfrac{f(b)-f(a)}{b-a}$ の値がある一定な値に限りなく近づく場合，$f(x)$ は $x=a$ で**微分可能である**といい，この値を $f'(a)$ と記し，関数 $f(x)$ の $x=a$ における**微分係数**という（図 **6.2**）．

この定義により，点 P での曲線の傾きが微分係数 $f'(a)$ で与えられたことになる．

注意：b が a に限りなく近づくことを $b \longrightarrow a$ と表す．また，b が a と異なりながら，b が a に限りなく近づくとき，$\dfrac{f(b)-f(a)}{b-a}$ が $f'(a)$ に限りなく近づくことを，

$$\dfrac{f(b)-f(a)}{b-a} \longrightarrow f'(a), \quad \text{あるいは，} \quad \lim_{b \to a} \dfrac{f(b)-f(a)}{b-a} = f'(a)$$

で表す．ここで，「b が a と異なりながら」という言葉を入れたのは，分母を 0 とすることができないので，これを避けるためのだだし書きである．

「限りなく近づく」という考え方はさまざまなところに現れるので，一般的な定義を述べておく．

定義 6.2 関数 $f(x)$ において，x が a と異なる値をとりながら a に限りなく近づくとき，$f(x)$ がある一定な値 l に限りなく近づく場合

$$\lim_{x \to a} f(x) = l \quad \text{または} \quad x \longrightarrow a \text{ のとき，} f(x) \longrightarrow l$$

と書き，この値 l を，$x \longrightarrow a$ のときの $f(x)$ の**極限値**という．

例 6.1

(1) $\lim_{x \to 2}(x^2 + 3x - 1) = 4 + 6 - 1 = 9$, $\lim_{h \to 1}(3h + 5) = 3 + 5 = 8$

(2) $\lim_{x \to 2} \dfrac{x^2 - 4}{x - 2} = \lim_{x \to 2} \dfrac{(x+2)(x-2)}{x - 2} = \lim_{x \to 2}(x + 2) = 4$

定義 6.2 を用いて微分係数の定義（定義 6.1）を言い換えると，

$$f(x) \text{ が } x = a \text{ で微分可能} \iff \text{極限値 } \lim_{h \to 0} \frac{f(a+h) - f(a)}{h} \text{ が存在}$$

右辺の極限値が $f(x)$ の $x = a$ における微分係数 $f'(a)$ である．

例題 6.1 関数 $f(x) = x^2$ の $x = 3$ における微分係数 $f'(3)$ を求めよ．

【解答】

$$f'(3) = \lim_{h \to 0} \frac{(3+h)^2 - 3^2}{h} = \lim_{h \to 0} \frac{(9 + 6h + h^2) - 9}{h}$$
$$= \lim_{h \to 0} \frac{h(6 + h)}{h} = \lim_{h \to 0}(6 + h) = 6$$

∴ $f'(3) = 6$ ◇

問 1. 関数 $f(x) = x^2$ の $x = 1$ における微分係数を求めよ．

曲線上の点 P を通り，傾きが曲線の P での傾きに等しい直線を**接線**と呼ぶ．

定義 6.3 曲線 $y = f(x)$ 上の点 $P(a, f(a))$ を通り，傾きが $f'(a)$ の直線を，曲線 $y = f(x)$ の点 P における**接線**という．

点 $P(a, f(a))$ における接線 l の方程式を求めよう．直線 l の傾きが $f'(a)$ だから，l 上の任意の点 $Q(x, f(x))$ に対し，

$$\frac{f(x) - f(a)}{x - a} = f'(a)$$

この式を整理し，つぎの式を得る．

6.1 曲線の傾きと微分係数

定理 6.1 曲線 $y = f(x)$ 上の点 $(a, f(a))$ における接線の方程式は

$$y = f'(a)(x - a) + f(a).$$

例 6.2 $f(x) = x^2$ に対して，微分係数の例題より $f'(3) = 6$ なので，曲線 $y = x^2$ 上の点 $(3, 9)$ での接線の方程式は

$$y = 6(x - 3) + 9, \quad \text{すなわち}, \quad y = 6x - 9.$$

問 2. 曲線 $y = x^2$ 上の点 $(1, 1)$ での接線の方程式を求めよ．

注意：微分積分学の理論は，17世紀後半，ニュートン（英），およびライプニッツ（独）により，ほぼ同時に構築された．ライプニッツは，フェルマ（仏）やニュートンの先生にあたるバロー（英）などにより考察されてきた曲線の接線に関する研究の過程から微分学の理論を生み出した．一方，ニュートンは運動についての研究中に，流率という観点（現在でいう速度）から微分学の理論を打ち立てた．ニュートン，ライプニッツが微積分の建設に成功したのは，「限りなく近づく」，すなわち極限という概念を明確に捕らえたことにある．彼らの簡単な伝記，および当時の数学の状況については例えば彌永[4]などを参照されたい．

問　題　6.1

問 1. つぎの極限値を求めよ．
 (1) $\lim_{x \to 3}(x^2 - 2x)$　　(2) $\lim_{x \to -1}(x^2 + 3x + 5)$　　(3) $\lim_{x \to 1}\dfrac{x^2 + 2x - 3}{x - 1}$

問 2. つぎの関数の $x = a$ での微分係数 $f'(a)$ を求めよ．
 (1) $f(x) = 2x$　　(2) $f(x) = x^2$

問 3. つぎの曲線上の点における，曲線の接線の方程式を求めよ．
 (1) $y = x^2$ 　$(-1, 1)$　　(2) $y = x^2$ 　(a, a^2)　　(3) $y = 3x$ 　$(a, 3a)$

6.2 導関数

a, b が実数で, $a < b$ とするとき,

$$a \leq b, \quad a < x < b, \quad a < x, \quad x \leq b$$

などを満たす実数全体の集合を**区間**という．言い換えると，区間とは一続きにつながった集合（数学の世界では "連結集合" という）のことである．

関数 $f(x)$ が，ある区間 I のすべての x の値で微分可能であるとき，$f(x)$ は I で**微分可能**であるという．関数 $f(x)$ がある区間 I で微分可能であるとき，I の各点 x ごとに微分係数 $f'(x)$ が定まるので，$f'(x)$ は x の関数と見ることができる．$f'(x)$ を $f(x)$ の**導関数**という．$y = f(x)$ の導関数 $f'(x)$ はつぎの記号を用いても表せる．

$$y', \quad \frac{dy}{dx}, \quad \frac{d}{dx}f(x)$$

微分係数の定義から，導関数 $f'(x)$ はつぎの式で与えられる．

$$f'(x) = \lim_{h \to 0} \frac{f(x+h) - f(x)}{h} \tag{6.1}$$

関数 x^n (n は自然数) の導関数を求めてみよう．

定理 6.2

　　(1)　$(x^n)' = nx^{n-1}$ (n は自然数)　　(2)　$(c)' = 0$ (c は定数)

証明

(1)　因数分解

$$a^n - b^n = (a-b)(a^{n-1} + a^{n-2}b + a^{n-3}b^2 + \cdots + ab^{n-2} + b^{n-1}) \tag{6.2}$$

を用いる．（左辺で $a = b$ とおくと 0 になるので因数定理が使え，$a^n - b^n$ は $a - b$ で割り切れる．もちろん右辺を展開すれば左辺が導かれる．）

式 (6.2) で $a = x+h$, $b = x$ とおくと,

$$\begin{aligned}(x^n)' &= \lim_{h\to 0}\frac{(x+h)^n - x^n}{h}\\&= \lim_{h\to 0}\frac{h\{(x+h)^{n-1} + (x+h)^{n-2}x + \cdots + (x+h)x^{n-2} + x^{n-1}\}}{h}\\&= \lim_{h\to 0}\{(x+h)^{n-1} + (x+h)^{n-2}x + \cdots + (x+h)x^{n-2} + x^{n-1}\}\\&= x^{n-1} + x^{n-1} + \cdots + x^{n-1} + x^{n-1}\\&= nx^{n-1}\end{aligned}$$

(2) $f(x) = c$ とおくと, $f(x+h) = f(x) = c$ なので,

$$(c)' = \lim_{h\to 0}\frac{f(x+h) - f(x)}{h} = \lim_{h\to 0}\frac{c-c}{h} = \lim_{h\to 0} 0 = 0.$$

□

例 6.3 $(x^3)' = 3x^2$, $(x^2)' = 2x^1 = 2x$, $(x)' = (x^1)' = x^0 = 1$

定理 6.2 が示されると, 多項式の導関数も容易に求まる. 極限値に関するつぎの定理 6.3 は明らかであろう.

定理 6.3 $\lim_{x\to a} f(x)$ と $\lim_{x\to a} g(x)$ が存在するとき, 極限値 $\lim_{x\to a}\{f(x) \pm g(x)\}$ と $\lim_{x\to a} kf(x)$ も存在して, つぎの式が成り立つ.

$$\lim_{x\to a}\{f(x) \pm g(x)\} = \lim_{x\to a} f(x) \pm \lim_{x\to a} g(x) \quad \text{(複号同順)},$$

$$\lim_{x\to a} kf(x) = k\lim_{x\to a} f(x)$$

定理 6.4 $f(x)$ と $g(x)$ が x で微分可能なとき, $f(x) + g(x)$, $f(x) - g(x)$, $kf(x)$ も微分可能で, 以下の等式が成り立つ.

(1) $\{f(x) \pm g(x)\}' = f'(x) \pm g'(x)$ (複号同順),

(2) $\{kf(x)\}' = kf'(x)$

[証明] 微分係数の定義と定理 6.3 から導かれる.

$$\{f(x) \pm g(x)\}' = \lim_{h \to 0} \frac{(f(x+h) \pm g(x+h)) - (f(x) \pm g(x))}{h}$$

$$= \lim_{h \to 0} \left\{ \frac{f(x+h) - f(x)}{h} \pm \frac{g(x+h) - g(x)}{h} \right\}$$

$$= f'(x) \pm g'(x)$$

$$\{kf(x)\}' = \lim_{h \to 0} \frac{kf(x+h) - kf(x)}{h} = \lim_{x \to 0} \frac{k(f(x+h) - f(x))}{h} = kf'(x)$$

□

例 6.4 $(2x^3)' = 2(x^3)' = 6x^2$, $(x^4 - x^2)' = (x^4)' - (x^2)' = 4x^3 - 2x$,
$(5x^3 + 7x^2 + 4x)' = (5x^3)' + (7x^2 + 4x)' = 5(x^3)' + (7x^2)' + (4x)'$
$= 5(x^3)' + 7(x^2) + (4x)' = 15x^2 + 14x + 4$

定理 6.2 と定理 6.4 によりつぎの定理が成り立つ.

定理 6.5 (多項式の導関数) 任意の多項式

$$f(x) = a_n x^n + a_{n-1} x^{n-1} + \cdots + a_1 x + a_0 \qquad (a_k は定数)$$

は微分可能で，つぎの式が成り立つ．

$$f'(x) = na_n x^{n-1} + (n-1)a_{n-1} x^{n-2} + \cdots + a_1$$

例 6.5

(1) $(x^3 - 5x^2 + 2x)' = 3x^2 - 10x + 2$,
(2) $\{(x+2)(2x-1)\}' = (2x^2 + 3x - 2)' = 4x + 3$

問 3. つぎの関数の導関数を求めよ．

(1) $y = 6x^2 + 3x + 2$　　(2) $y = 1 - 7x^2$
(3) $y = x^3 - 3x^2 + x + 8$　　(4) $y = x^8 + 2x^7 - 4x^2 - x$

以下，節を追って，いままで学んできた基本的な関数の導関数を求めていく．

実際に導関数を計算する際は，これら基本的な関数の導関数，および導関数の性質

(1) 導関数の四則演算 (定理 6.4 と定理 6.9)
(2) 合成関数の微分公式 (定理 6.12)
(3) 逆関数の微分公式 (定理 6.14)

とを合わせて計算することになる．

直観的には明らかだが，以後の証明にときどき顔を出す事実を定理の形で述べておこう．$x = a$ およびその近くで定義された関数 $f(x)$ がつぎの式 (6.3) を満たすとき，$f(x)$ は $x = a$ で**連続**であるという．

$$\lim_{x \to a} f(x) = f(a) \tag{6.3}$$

定理 6.6 関数 $f(x)$ は $x = a$ で微分可能ならば，$x = a$ で連続である．

問 4. 等式

$$f(x) = \frac{f(x) - f(a)}{x - a} \cdot (x - a) + f(a)$$

を利用し，定理 6.6 を証明せよ．

例題 6.2 曲線 $y = x^2 - 2x + 3$ 上の点 $(2, 3)$ における接線の方程式を求めよ．

【解答】 $f(x) = x^2 - 2x + 3$ とおくと，$f'(x) = 2x - 2$ なので，$f'(2) = 2$. ゆえに，点 $(2, 3)$ での接線の方程式は（図 **6.3**）

$$y - 3 = 2(x - 2) \quad \therefore \quad y = 2x - 1$$

$\diamond$

問 5. つぎの曲線上の点における接線の方程式を求めよ．
(1) $y = -x^2 + 4x + 3 \quad (3, 6)$ (2) $y = x^3 \quad (a, a^3)$
(3) $y = x^3 + 3x \quad (-1, -4)$ (4) $y = -x^3 + x^2 + x + 1 \quad (1, 2)$

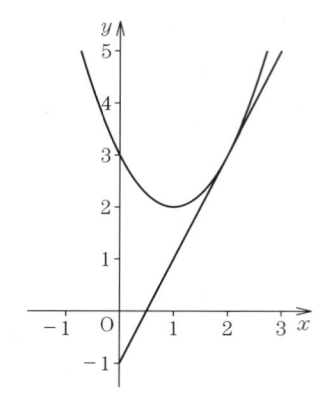

図 6.3 $y = x^2 - 2x + 3$ の点 (2, 3) における接線

問　題　6.2

問 1. つぎの関数の導関数を求めよ．
(1) $y = 2x + 7$　　(2) $y = 3$　　(3) $y = -x^3 + 2x + 1$
(4) $y = 3x^4 - \dfrac{5}{2}x^2 - 3x + 10$　　(5) $y = \dfrac{x^3}{3} - \dfrac{x^2}{2} + x - 1$
(6) $y = 5x^8 - x^7 + 3x^2 - 4x$

問 2. つぎの関数を [ ] 内の文字で微分したときの導関数を求めよ．
(1) $S = \pi r^2$　[r]　　(2) $V = \dfrac{4}{3}\pi r^3$　[r]　　(3) $V = \dfrac{kT}{P}$　[T]

問 3. つぎの曲線上の点における接線の方程式を求めよ．
(1) $y = x^2 - 2$　(2, 2)　　(2) $y = 2x^2 - 5x + 2$　(2, 0)

問 4. つぎの接線の方程式を求めよ．
(1) $y = x^3 - 3x + 4$ に接し，x 軸と交わらない直線
(2) $y = -x^3 + 2x + 1$ に接し，傾きが -1 の直線
(3) $y = x^3 - x^2 + 1$ に接し，原点を通る直線

問 5. 点 (2, 0) から曲線 $y = x^3$ に引いた接線の方程式を求めよ．

6.3　関数の増減と 3 次関数のグラフ

　この節で，関数のグラフ，特に 3 次関数のグラフについて，導関数を利用しながら調べてみる．微分とは，関数の変化を知る物差しなので，導関数を用い

関数の増減がわかるはずである．

関数 $f(x)$ の微分係数 $f'(a)$ の定義 $f'(a) = \lim_{h \to 0} \dfrac{f(a+h) - f(a)}{h}$ より，$f'(a) > 0$ のとき，$h(\neq 0)$ の値が十分小さければ，$\dfrac{f(a+h) - f(a)}{h} > 0$ となる．したがって，

$$h < 0 \Longrightarrow f(a+h) - f(a) < 0, \quad h > 0 \Longrightarrow f(a+h) - f(a) > 0$$

言い換えると，a に十分小さい数 x に対して，

$$x < a \Longrightarrow f(x) < f(a), \quad x > a \Longrightarrow f(a) < f(x)$$

が成り立つ．したがって，ある区間でつねに $f'(x) > 0$ ならば，区間内の各点ごとに $f(x)$ が増加状態（すなわち，関数のグラフが右上がり）になるので，$f(x)$ はその区間で増加関数になる（図 **6.4**，増加関数の定義は定義 2.2 を参照）．

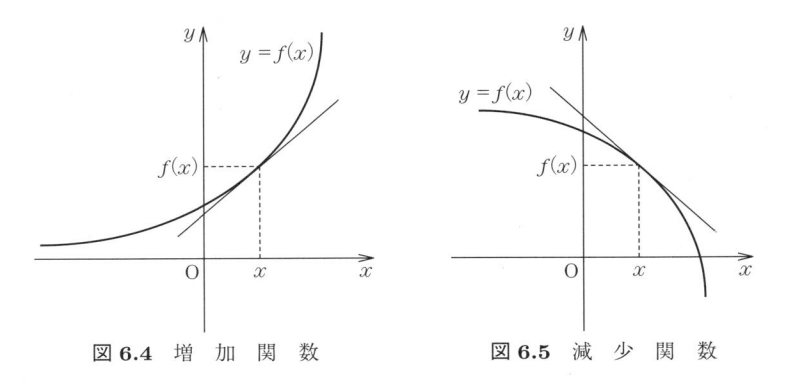

図 **6.4** 増 加 関 数   図 **6.5** 減 少 関 数

同様に，ある区間でつねに $f'(x) < 0$ ならば，区間内の各点ごとに $f(x)$ が減少状態（関数のグラフが右下がり）になり，$f(x)$ はその区間で減少関数になる（図 **6.5**）．

一方，ある区間でつねに $f'(x) = 0$ のときは，区間内の各点で増加状態でも減少状態でもない，すなわち接線の傾きが 0 なので，$f(x)$ はその区間で定数になる．

以上の推論から，つぎの定理が成り立つことがわかる．

定理 6.7 関数 $f(x)$ がある区間 I で
(1) つねに $f'(x) > 0$ が成り立つとき，I で $f(x)$ は単調に増加する．
(2) つねに $f'(x) < 0$ が成り立つとき，I で $f(x)$ は単調に減少する．
(3) つねに $f'(x) = 0$ が成り立つとき，I で $f(x)$ は定数である．

例題 6.3 つぎの関数の増減を調べよ．
(1) $y = x^2$ (2) $y = x^3$ (3) $y = x^3 - 3x$
(4) $y = -x^3 - x + 2$

【解答】
(1) $y' = 2x$. $x > 0$ のとき $y' > 0$ であり，単調増加，また $x < 0$ のとき $y' < 0$ であり，単調減少．これを表で表すと下の表（左）のようになる（関数 $y = x^2$ の**増減表**という．）

x	$\cdots$	0	$\cdots$
y'	$-$	0	$+$
y	↘	0	↗

x	$\cdots$	0	$\cdots$
y'	$+$	0	$+$
y	↗	0	↗

(2) $y' = 3x^2$ なので，$x = 0$ ならば $y' = 0$，$x \neq 0$ ならば $y' > 0$. 増減表（上の右）を書くとわかるように，結局 $y = x^3$ は $(-\infty, \infty)$ で単調増加な関数である．

(3) $y' = 3x^2 - 3 = 3(x^2 - 1) = 3x(x+1)(x-1)$. したがって，$y' = 0$ となる x の値は $x = -1, 1$. y の値を増減表にすると，下の表（左）のようになる．

x	$\cdots$	-1	$\cdots$	1	$\cdots$
y'	$+$	0	$-$	0	$+$
y	↗	2	↘	-2	↗

x	$\cdots$
y'	$-$
y	↘

(4) $y' = -3x^2 - 1$ となり，したがって y' はつねに負の値をとり，$y = -x^3 - x + 2$ は単調減少である，上の右の表のようになる． ◇

定義 6.4 $x = a$ の近くで定義されている関数 $f(x)$ が，$x = a$ を含む十分小さい区間で，

$x \neq a$ ならば, $f(x) < f(a)$

が成り立つとき, $f(x)$ は $x = a$ で**極大**であるといい, $f(a)$ を**極大値**という. 同様に,

$x \neq a$ ならば, $f(x) > f(a)$

が成り立つとき, $f(x)$ は $x = a$ で**極小**であるといい, $f(a)$ を**極小値**という. 極大値と極小値を合わせて**極値**という.

定理 6.8

(1) 関数 $f(x)$ が $x = a$ で極値をとるとき, $f'(a) = 0$.

(2) $f'(x)$ の符号が $x = a$ を境目に正から負に変わるとき, $f(x)$ は $x = a$ で極大値をとる.

(3) $f'(x)$ の符号が $x = a$ を境目に負から正に変わるとき, $f(x)$ は $x = a$ で極小値をとる.

例 6.6 例題 6.3 よりつぎのことがわかる.

(1) $y = x^2$: $x = 0$ で極小値 0 をとる. (2) $y = x^3$: 極値をとらない.

(3) $y = x^3 - 3x$: $x = -1$ で極大値 2, $x = 1$ で極小値 -2 をとる.

(4) $y = -x^3 - x + 2$: 極値をとらない.

注意: $f'(a) = 0$ から $f(x)$ が $x = a$ で極値をとると即論してはならない. 例えば, $f(x) = x^3$ について, $f'(0) = 0$ だが, $x = 0$ で極値をとらない. 実際, $f(x)$ はつねに単調増加である.

例題 6.4 関数 $y = -x^3 + 3x^2 + 9x - 10$ の極値を調べ, そのグラフを描け.

【**解答**】 $y' = -3x^2 + 6x + 9 = -3(x^2 - 2x - 3) = 3(x+1)(x-3)$. $y' = 0$ となる x の値は $x = -1, 3$. 増減表をつくると, つぎの表のようになる.

ゆえに, $x = 3$ で極大値 17, $x = -1$ で極小値 -15 をとる. グラフは図 **6.6** のようになる.

x	$\cdots$	-1	$\cdots$	3	$\cdots$
y'		$-$	0	$+$	0	$-$
y	$\searrow$	-15	$\nearrow$	17	$\searrow$

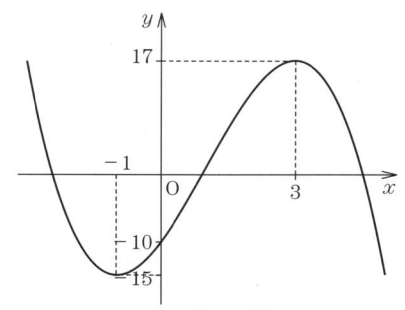

図 6.6 $y = -x^3 + 3x^2 + 9x - 10$

◇

問 6. つぎの関数の極値を調べ，そのグラフを描け．
(1) $y = x^2 - 2x + 3$ (2) $y = x^3 + 3x$
(3) $y = -x^3 + 2x^2 - x$ (4) $y = x^3 - 3x^2 + 3x - 1$

この節を締めくくるにあたり，閉区間 $[a, b]$ で関数の最大値と最小値を求める問題を考える．

例題 6.5 関数 $y = x^3 - 3x^2 + 2$ $(-1 \leqq x \leqq 3)$ の最大値と最小値を求めよ．

【解答】 $y' = 3x^2 - 6x = 3x(x-2)$. $y' = 0$ のとき, $x = 0, 2$.
区間 $[-1, 3]$ での増減表を書くと，下の表のようになる．
ゆえに，$x = 0, 3$ で最大値 2，$x = -1, 2$ で最小値 -2 をとる（図 **6.7**）．

x	-1	$\cdots$	0	$\cdots$	2	$\cdots$	3
y'		$+$	0	$-$	0	$+$	
y	-2	$\nearrow$	2	$\searrow$	-2	$\nearrow$	2

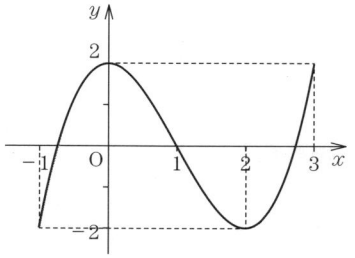

図 6.7 $y = x^3 - 3x^2 + 2$

◇

関数 $y = f(x)$ の区間 $[a, b]$ での最大値の候補は，(a, b) での $f(x)$ の極大値と $[a, b]$ の両端での $f(x)$ の値になるので，それらをすべて求め，最大値を見つければよい．最小値についても同様である．

問 7. つぎの関数の最大値と最小値を求めよ．
(1) $y = -\dfrac{x^3}{3} + 2x^2 \ (-1 \leq x \leq 5)$ (2) $y = x^3 - 12x + 2 \ (-2 \leq x \leq 3)$

問　題　6.3

問 1. すべての 3 次関数のグラフは，適当に x 軸方向と y 軸方向の平行移動を行うことにより，$y = mx^3 + nx$ という形の 3 次関数のグラフに一致することを示せ．

問 2. つぎの関数の最大値と最小値を求めよ．
(1) $y = -x^3 + 3x^2 + 9x + 14 \ (-2 \leq x \leq 6)$
(2) $y = 4x^3 - 3x^2 - 6x + 5 \ (-1 \leq x \leq 2)$

問 3. つぎの関数の極値を調べ，そのグラフを描け．
(1) $y = x^4 - 1$ (2) $y = 3x^4 - 4x^3 + 1$
(3) $y = 3x^4 - 4x^3 + 6x^2 - 12x$ (4) $y = x^4 - \dfrac{4}{3}x^3 - 4x^2 + \dfrac{2}{3}$

問 4. 3 次関数について，$f'(x) = 0$ の判別式と $f(x)$ の極値の個数との関係を調べよ．

問 5. 4 次関数 $f(x)$ について，$f'(x) = 0$ の（重複度を考えた）実数解の個数と極値の個数との間の関係を調べよ．

問 6. 方程式が $x^3 + 3x^2 + p = 0$ の実数解の個数を，定数 p の値により場合分けをして求めよ．

6.4　関数の積・商の導関数

この節で 2 つの関数 $f(x)$ と $g(x)$ の積 $f(x)g(x)$ と商 $\dfrac{f(x)}{g(x)}$ の微分公式を示し，このことを利用し，2 章で学んだ分数関数の導関数を求めよう．

定理 6.9　$f(x)$ と $g(x)$ が微分可能なとき，$f(x)g(x)$ も微分可能で，
(1)　$(f(x)g(x))' = f'(x)g(x) + f(x)g'(x)$

が成り立つ．さらに，$g'(x) \neq 0$ ならば，$\dfrac{f(x)}{g(x)}$ も微分可能で，

(2) $\left(\dfrac{f(x)}{g(x)}\right)' = \dfrac{f'(x)\,g(x) - f(x)\,g'(x)}{g(x)^2}$

証明

(1) $\{f(x)g(x)\}'$
$= \lim_{h \to 0} \dfrac{f(x+h)g(x+h) - f(x)g(x)}{h}$
$= \lim_{h \to 0} \dfrac{f(x+h)g(x+h) - f(x)g(x+h) + f(x)g(x+h) - f(x)g(x)}{h}$
$= \lim_{h \to 0} \dfrac{\{f(x+h) - f(x)\}g(x+h) + f(x)\{g(x+h) - g(x)\}}{h}$
$= \lim_{h \to 0} \left[\dfrac{\{f(x+h) - f(x)\}g(x+h)}{h} + \dfrac{f(x)\{g(x+h) - g(x)\}}{h}\right]$
$= \lim_{h \to 0} \left\{\dfrac{f(x+h) - f(x)}{h}g(x+h) + f(x)\dfrac{g(x+h) - g(x)}{h}\right\}$
$= f'(x)g(x) + f(x)g'(x)$

(2) $\left\{\dfrac{f(x)}{g(x)}\right\}'$
$= \lim_{h \to 0} \dfrac{\dfrac{f(x+h)}{g(x+h)} - \dfrac{f(x)}{g(x)}}{h}$
$= \lim_{h \to 0} \dfrac{f(x+h)g(x) - f(x)g(x+h)}{h\,g(x+h)g(x)}$
$= \lim_{h \to 0} \dfrac{\{f(x+h) - f(x)\}g(x) - f(x)\{g(x+h) - g(x)\}}{h\,g(x+h)g(x)}$
$= \lim_{h \to 0} \left[\dfrac{\{f(x+h) - f(x)\}g(x)}{h\,g(x+h)g(x)} - \dfrac{f(x)\{g(x+h) - g(x)\}}{h\,g(x+h)g(x)}\right]$
$= \lim_{h \to 0} \left\{\dfrac{f(x+h) - f(x)}{h}\dfrac{g(x)}{g(x+h)g(x)} - \dfrac{f(x)}{g(x+h)g(x)}\dfrac{g(x+h) - g(x)}{h}\right\}$
$= \dfrac{f'(x)g(x) - f(x)g'(x)}{g(x)^2}$

どちらの式も最後の等式で，$h \to 0$ のとき，$g(x+h) \to g(x)$ (定理 6.6) を用いた． □

例題 6.6 つぎの関数の導関数を求めよ．

(1) $y = (x^2+1)(x+3)$ (2) $y = \dfrac{2x-1}{x^2+1}$

【解答】
(1) $y' = (x^2+1)'(x+3) + (x^2+1)(x+3)' = 2x(x+3) + (x^2+1) = 3x^2+6x+1$

(2) $y' = \dfrac{(2x-1)'(x^2+1) - (2x-1)(x^2+1)'}{(x^2+1)^2} = \dfrac{2(x^2+1) - (2x-1)2x}{(x^2+1)^2}$
$= \dfrac{-2x^2+2x+2}{(x^2+1)^2}$ ◇

関数の積の微分公式は，微分を代数的に特徴づける式で，数学の研究分野でも重要な役割を演じる．

定理 6.9 (2) より，分数関数 $\dfrac{ax+b}{cx+d}$ の導関数が求まる．

定理 6.10

$$\left(\dfrac{ax+b}{cx+d}\right)' = \dfrac{ad-bc}{(cx+d)^2}$$

証明

$\left(\dfrac{ax+b}{cx+d}\right)' = \dfrac{(ax+b)'(cx+d) - (ax+b)(cx+d)'}{(cx+d)^2}$
$= \dfrac{a(cx+d) - (ax+b)c}{(cx+d)^2} = \dfrac{ad-bc}{(cx+d)^2}.$

         □

問 題 6.4

問 1. $\left(\dfrac{1}{g(x)}\right)' = -\dfrac{g'(x)}{g(x)^2}$ を示せ．

問 2. 問 1. の結果と $(x^n)' = nx^{n-1}$ $(n=1, 2, \cdots)$ を利用し，つぎの式を示せ．

$$(x^{-n})' = (-n)x^{-n-1} \quad (n=1, 2, \cdots).$$

問 3. つぎの関数の導関数を求めよ．

(1) $y = (3x+2)(4x+5)$ (2) $y = (x^3+1)(x^2+4)$

(3) $y = \dfrac{2x+7}{3x+8}$ (4) $y = \dfrac{1}{3x+4}$ (5) $y = \dfrac{1}{x^4}$ (6) $y = x - \dfrac{1}{x}$

問 4. (1) 定理 6.9 (1) を用い，つぎの式を示せ．

$$\{f(x)g(x)h(x)\}' = f'(x)g(x)h(x) + f(x)g'(x)h(x) + f(x)g(x)h'(x)$$

(2) $y = (x+1)(x+2)(x+3)$ の導関数を求めよ．

6.5　合成関数の微分公式

分数関数でも最も単純な $y = \dfrac{1}{x}$ の導関数が求まれば，グラフの検証により定理 6.10 は自然に求まることを説明する．まず，関数 $\dfrac{1}{x}$ の導関数を改めて求めておく．

$$\left(\dfrac{1}{x}\right)' = \lim_{h\to 0}\dfrac{\dfrac{1}{x+h}-\dfrac{1}{x}}{h} = \lim_{h\to 0}\dfrac{\dfrac{-h}{(x+h)x}}{h} = \lim_{h\to 0}\dfrac{-1}{(x+h)x} = -\dfrac{1}{x^2}$$

$\dfrac{ax+b}{cx+d}$ の形の分数関数も同様な方法で導関数が求まるが，2.2 節で調べたグラフの考察により導関数を計算してみよう．$\dfrac{ax+b}{cx+d}$ を $\dfrac{a}{c} + \dfrac{bc-ad}{c}\dfrac{1}{cx+d}$ と変形できるので，$\dfrac{1}{cx+d}$ (c, d は定数で $c \neq 0$) という関数を考察してみる．

$f(x) = \dfrac{1}{x}$ とおく．$y = f(cx)$ のグラフは $y = f(x)$ のグラフを x 軸方向に $\dfrac{1}{c}$ 倍だけ縮めたものになる．したがって，曲線 $y = f(cx)$ の点 $\mathrm{Q}(x_0, f(cx_0))$ での接線の傾きは，元の曲線 $y = f(x)$ の点 $\mathrm{P}(cx_0, f(cx_0))$ での接線の傾きの c 倍になる．ゆえに

関数 $f(cx)$ の $x = x_0$ での微分係数は $cf'(cx_0)$ 　　　　　　(6.4)

一方，グラフを x 軸方向に p だけ平行移動しても接線の傾きは変わらない．したがって，曲線 $y = f(x-p)$ の点 $\mathrm{Q}'(x_0, f(x_0-p))$ でのグラフの傾きは元の曲線 $y = f(x)$ の点 $\mathrm{P}'(x_0-p, f(x_0-p))$ でのグラフの傾きに一致するので，

関数 $f(x-p)$ の $x = x_0$ での微分係数は $f'(x_0-p)$ 　　　　　　(6.5)

式 (6.4) と式 (6.5) を合わせると，$f(cx+d) = f\left(c\left(x+\dfrac{d}{c}\right)\right)$ により，

$f(cx+d)$ の $x = x_0$ での微分係数

$= f(cx)$ の $x = x_0 + \dfrac{d}{c}$ での微分係数

$= \left(f(x) \text{ の } x = c\left(x_0 + \dfrac{d}{c}\right) \text{ での微分係数}\right) \times c$

$\dfrac{1}{x}$ の性質はなにも使っていないので，いまの推論は $f(x)$ が一般の微分可能な関数の場合に適用できる．すなわちつぎの事実が成り立つ．

定理 6.11　$f(x)$ がある区間 I で微分可能で，$cx+d$ が区間 I に含まれるならば，$y = f(cx+d)$ も微分可能で，

$$y' = c\,f'(cx+d)$$

が成り立つ．ただし，c, d は定数とする．

問 8.　つぎの関数の導関数を求めよ．
(1)　$(2x+1)^3$　　(2)　$(3-x)^7$　　(3)　$\dfrac{1}{(2x+5)^2}$

問 9.　$\dfrac{ax+b}{cx+d}$ を $\dfrac{k}{cx+d}+q$ の形に変形したものに，$\left(\dfrac{1}{x}\right)' = -\dfrac{1}{x^2}$ と定理 6.11 を用い，定理 6.10 を示せ．

上の定理は，さらに一般の関数 $t = g(x)$ でも適用でき，つぎの定理が成り立つ．

定理 6.12　$f(x)$ がある区間 I で微分可能で，$g(x)$ も微分可能かつ値域が区間 I に含まれるならば，$y = f(g(x))$ も微分可能で，

$$y' = f'(g(x)) \cdot g'(x).$$

証明 $t=g(x)$ とおくと, $f(g(x))=f(t)$ と表せる. $h\neq 0$ に対し, $k=g(x+h)-g(x)$ とおくと, $g(x+h)=g(x)+k=t+k$. また, 定理 6.6 より, $h\to 0$ のとき, $k\to 0$. ゆえに,

$$y'=\lim_{h\to 0}\frac{f(g(x+h))-f(g(x))}{h}=\lim_{h\to 0}\frac{f(t+k)-f(t)}{h}$$
$$=\lim_{h\to 0}\frac{f(t+k)-f(t)}{k}\cdot\lim_{h\to 0}\frac{k}{h}=\lim_{k\to 0}\frac{f(t+k)-f(t)}{k}\cdot\lim_{h\to 0}\frac{g(x+h)-g(x)}{h}$$
$$=f'(t)\cdot g'(x)=f'(g(x))\cdot g'(x)$$

□

注意: $g'(x)=0$ のときは, $h\neq 0$ でも $k\neq 0$ となることがあるので, 上の証明は正確ではない（途中 k で割っているので）. 証明は略すが, この場合でも, 少し注意深い考察により, 定理を証明することができる.

定理 6.12 の覚え方: $(f(\square))'=f'(\square)\,(\square)'$

例 6.7 $y=(x^2-2)^8$ の導関数は, $\square=x^2-2$ と考え,

$$y'=((\square)^8)'\,(\square)'=8\square^7\cdot 2x=16x(x^2-2)^7 \tag{6.6}$$

問 10. つぎの関数の導関数を求めよ.

(1) $(x^2+3)^5$ (2) $(x^2+x-2)^4$ (3) $\dfrac{1}{(x^2+1)^3}$ (4) $\left(x+\dfrac{1}{x}\right)^6$

問 題 6.5

問 1. つぎの関数の導関数を求めよ.

(1) $y=(4x+7)^9$ (2) $y=(1-x^2)^4$ (3) $y=(2x^3-3x+1)^3$
(4) $y=\dfrac{3}{(x-8)^3}$ (5) $y=(x+2)^2(3x+4)^4$ (6) $y=\dfrac{(x+3)^2}{x+1}$

問 2. $x=0$ で微分可能な関数 $f(x)$ が, $f(x)=f(-x)+2x$ を満たすとき, $f'(0)$ の値を求めよ.

問 3. $y=\dfrac{1}{x}$ が $x\neq 0$ で微分可能であることを前提に, $xy=1$ の両辺を x で微分し, $\left(\dfrac{1}{x}\right)'=-\dfrac{1}{x^2}$ を導け.

6.6　逆関数の微分公式と無理関数の導関数

この節で，無理関数 $\sqrt{x}$ の導関数を求める．また，その幾何的な理解をするために逆関数の微分公式を学ぶ．

$\sqrt{x}$ の導関数自身は，定義からつぎのように簡単に求まる．

定理 6.13　$\sqrt{x}$ は $x > 0$ で微分可能で，つぎの式が成立する．

$$(\sqrt{x})' = \frac{1}{2\sqrt{x}}$$

証明　いわゆる，分母の有理化を行う．

$$\begin{aligned}
(\sqrt{x})' &= \lim_{h \to 0} \frac{\sqrt{x+h} - \sqrt{x}}{h} \\
&= \lim_{h \to 0} \frac{(\sqrt{x+h} - \sqrt{x})(\sqrt{x+h} + \sqrt{x})}{h(\sqrt{x+h} + \sqrt{x})} \\
&= \lim_{h \to 0} \frac{(\sqrt{x+h})^2 - (\sqrt{x})^2}{h(\sqrt{x+h} + \sqrt{x})} \\
&= \lim_{h \to 0} \frac{(x+h) - x}{h(\sqrt{x+h} + \sqrt{x})} \\
&= \lim_{h \to 0} \frac{1}{\sqrt{x+h} + \sqrt{x}} = \frac{1}{2\sqrt{x}}
\end{aligned}$$

□

$y = \sqrt{x}$ は $y = x^2$ $(x \geqq 0)$ の逆関数である．一般に $f^{-1}(x)$ のグラフに $y = f(x)$ のグラフと直線 $y = x$ に関し対称であった（定理 2.7）．このことに注意すると，点 (a, b) での曲線 $y = f^{-1}(x)$ の傾きは点 (b, a) での曲線 $y = f(x)$ の接線の傾きの逆数になる．したがってつぎの定理が成立する．

定理 6.14　$y = f(x)$ の逆関数 $y = f^{-1}(x)$ が存在し，かつ $f(x)$ が微分可能で $f'(x) \neq 0$ のとき，$y = f^{-1}(x)$ も微分可能で，$f^{-1}(a) = b$，すなわ

ち $f(b) = a$ とするとき（図 6.8），つぎの式が成立する．

$$(f^{-1})'(a) = \frac{1}{f'(b)}.$$

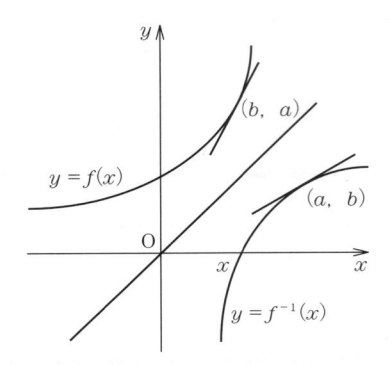

図 6.8 逆関数の導関数

注意：
(1) 定理 2.6 より $f(x)$ が単調関数のとき，その逆関数が存在する．
(2) $y = f^{-1}(x)$ と $x = f(y)$ が同値なので，定理 6.14 はつぎのように簡単に書ける．

$$\frac{dy}{dx} = \frac{1}{\dfrac{dx}{dy}} \qquad \left(\frac{dx}{dy} \neq 0\right)$$

定理 6.14 を $y = \sqrt{x}\ (x > 0)$ に対して用いると，$x = y^2$ より，

$$(\sqrt{x})' = \frac{1}{(y^2)'} = \frac{1}{2y} = \frac{1}{2\sqrt{x}}$$

定理 6.14 の数式による証明を与えておこう．

証明 $k = f^{-1}(a+h) - f^{-1}(a)$ とおくと，$f^{-1}(a+h) = f^{-1}(a) + k = b + k$ と変形できるので，$f(b+k) = a+h$，したがって，$f(b+k) = f(b) + h$ となり，$h = f(b+k) - f(b)$ である．また，$h \to 0$ のとき，$k \to 0$ となることがわかり，

$$(f^{-1}(a))' = \lim_{h \to 0} \frac{f^{-1}(a+h) - f^{-1}(a)}{h} = \lim_{k \to 0} \frac{k}{f(b+k) - f(b)}$$
$$= \lim_{k \to 0} \frac{1}{\dfrac{f(b+k) - f(b)}{k}} = \frac{1}{\displaystyle\lim_{k \to 0} \dfrac{f(b+k) - f(b)}{k}}$$

$$= \frac{1}{f'(b)}$$

□

定理 6.13 と定理 6.12 より，$\sqrt{ax+b}$ の導関数が簡単に求まる．

定理 6.15 $(\sqrt{ax+b})' = \dfrac{a}{2\sqrt{ax+b}}$．

問 11. 定理 6.15 を示せ．

問 12. つぎの関数の導関数を求めよ．
　　(1)　$\sqrt{3x+2}$　　(2)　$\sqrt{1-2x}$　　(3)　$\sqrt{-5x}$

問　題　6.6

問 1. 定理 6.14 を用い，つぎの式を示せ．

$$(\sqrt[n]{x})' = \frac{\sqrt[n]{x}}{nx} \quad \text{すなわち，} \quad (x^{\frac{1}{n}})' = \frac{1}{n}x^{\frac{1}{n}-1}$$
$$(x > 0;\ n = 1, 2, \cdots).$$

問 2. つぎの関数の導関数を求めよ．
　　(1)　$y = \sqrt{-4x+1}$　　(2)　$y = \sqrt[4]{x}$　　(3)　$y = \sqrt{1-x^2}$
　　(4)　$y = \sqrt[3]{x^2+1}$　　(5)　$y = \dfrac{1}{\sqrt{x^2+1}}$　　(6)　$y = x\sqrt{x+2}$
　　(7)　$y = \left(\sqrt{x} + \dfrac{1}{\sqrt{x}}\right)^3$　　(8)　$y = \dfrac{x}{\sqrt{x+1}}$

問 3. (1)　関数 $f(x) = x^3 + 2x - 2$ は逆関数 $y = f^{-1}(x)$ をもつことを示せ．
　　(2)　$f^{-1}(x)$ の導関数の最大値を求めよ．

6.7　三角関数の微分

まず，三角関数の微分で基本となるつぎの定理を示そう．

定理 6.16 弧度法で角を表すとき，つぎの式が成り立つ．
$$\lim_{x \to 0} \frac{\sin x}{x} = 1 \tag{6.7}$$

証明をする前に，この定理の結論が自然なものであることを観察しておこう．半径 1 の円を n 等分し，円 O に内接する正 n 角形を考える（図 6.9）．

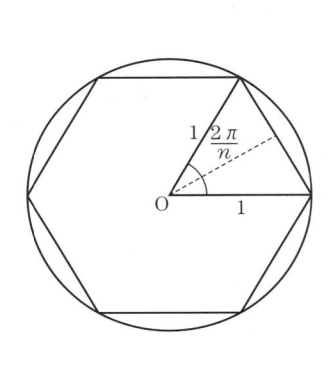

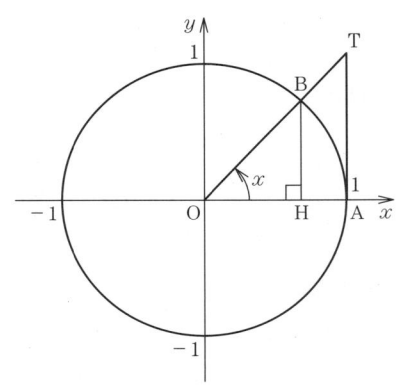

図 6.9　正 多 角 形　　　図 6.10　三角関数の極限公式の図

正 n 角形の一辺の長さが $2\sin\dfrac{2\pi}{2n}$ なので，正 n 角形の辺の長さの総和は $2n\sin\dfrac{\pi}{n}$ となる．n を限りなく大きくしたとき，この長さの総和は円周 2π に近づくと考えられる．これを ∞（限りなく大きくなることを表す記号）を用い，

$$\lim_{x \to \infty} \frac{\text{正 } n \text{ 角形の辺の長さの総和}}{\text{円周}} = 1 \tag{6.8}$$

と書こう．この式の左辺を変形すると，

$$\lim_{n \to \infty} \frac{\text{正 } n \text{ 角形の辺の長さの総和}}{\text{円周}} = \lim_{n \to \infty} \frac{2n\sin\dfrac{\pi}{n}}{2\pi} = \lim_{n \to \infty} \frac{\sin\dfrac{\pi}{n}}{\dfrac{\pi}{n}}$$

n を限りなく大きくすると，$x = \dfrac{\pi}{n}$ の値は限りなく 0 に近づくので，$x = \dfrac{\pi}{n}$ と表せる x に対しては，式 (6.8) より，

6.7 三角関数の微分

$$\lim_{x \to 0} \frac{\sin x}{x} = 1$$

が成り立つ.

以下，式 (6.7) の証明を与える．

証明 $0 < |x| < \dfrac{\pi}{2}$ に対し，

$$\cos x < \frac{\sin x}{x} < 1 \tag{6.9}$$

が成り立つことを示そう．x が正のときと負のときとで場合分けをする．

(i) $x > 0$ のとき：点 O を中心とする半径 1 の円において，中心角 x の扇形 OAB を考える．点 B から線分 OA に下ろした垂線の足を H，円 O の点 A における接線（OA に垂直な直線）と直線 OB の交点を T とおく（図 **6.10**）．扇形 OAB の面積と △OAB と △OAT の面積との間には

$$\triangle \mathrm{OAB} < 扇形\ \mathrm{OAB} < \triangle \mathrm{OAT}$$

の大小関係がある．各図形の面積を計算すると，BH $= \sin x$ なので，

$$\frac{1}{2} \cdot 1 \cdot \sin x < \pi \cdot 1^2 \cdot \frac{x}{2\pi} < \frac{1}{2} \cdot 1 \cdot \tan x$$

式を整理して，

$$\sin x < x < \tan x$$

辺々逆数をとり，

$$\frac{1}{\sin x} > \frac{1}{x} > \frac{1}{\tan x} \tag{6.10}$$

$\dfrac{1}{\tan x} = \dfrac{\cos x}{\sin x}$ なので，式 (6.10) の辺々に $\sin x$ を掛け，式 (6.9) を得る．

(ii) $x < 0$ のとき：このとき，$-x > 0$ なので，$-x$ に対して式 (6.9) が成立する：

$$\cos(-x) < \frac{\sin(-x)}{-x} < 1. \tag{6.11}$$

$\cos(-x) = \cos x$ と $\sin(-x) = -\sin x$ が成り立つことに注意すると，式 (6.11) から式 (6.9) が従う．

160　6. 微　　分　　法

以上により，式 (6.9) が $0 < |x| < \dfrac{\pi}{2}$ に対して証明された．この式で，$x \to 0$ としてみると，$\lim\limits_{x \to 0} \cos x = 1$ なので

$$1 \leqq \lim_{x \to 0} \frac{\sin x}{x} \leqq 1$$

したがって，$\lim\limits_{x \to 0} \dfrac{\sin x}{x} = 1$ が成り立つ． □

定理 6.17　$(\sin x)' = \cos x$, $(\cos x)' = -\sin x$, $(\tan x)' = \sec^2 x$ が成り立つ．

証明　差を積に直す公式を用いて証明する．

$$\begin{aligned}
(\sin x)' &= \lim_{h \to 0} \frac{\sin(x+h) - \sin x}{h} \\
&= \lim_{h \to 0} \frac{2 \cos \dfrac{(x+h)+x}{2} \sin \dfrac{(x+h)-x}{2}}{h} \\
&= \lim_{h \to 0} \frac{2 \cos \left(x + \dfrac{h}{2}\right) \sin \dfrac{h}{2}}{h} \\
&= \lim_{h \to 0} \cos \left(x + \frac{h}{2}\right) \frac{\sin \dfrac{h}{2}}{\dfrac{h}{2}} \\
&= \cos x \quad \text{(定理 6.16 による)}
\end{aligned}$$

$$\begin{aligned}
(\cos x)' &= \lim_{h \to 0} \frac{\cos(x+h) - \sin x}{h} \\
&= \lim_{h \to 0} \frac{-2 \sin \dfrac{(x+h)+x}{2} \sin \dfrac{(x+h)-x}{2}}{h} \\
&= -\lim_{h \to 0} \frac{2 \sin \left(x + \dfrac{h}{2}\right) \sin \dfrac{h}{2}}{h} \\
&= -\lim_{h \to 0} \sin \left(x + \frac{h}{2}\right) \frac{\sin \dfrac{h}{2}}{\dfrac{h}{2}} \\
&= -\sin x \quad \text{(定理 6.16 による)}
\end{aligned}$$

また，定理 6.9 により，

$$(\tan x)' = \left(\frac{\sin x}{\cos x}\right)' = \frac{(\sin x)' \cos x - \sin x (\cos x)'}{\cos^2 x}$$
$$= \frac{\cos^2 x + \sin^2 x}{\cos^2 x} = \frac{1}{\cos^2 x} = \sec^2 x$$

□

例題 6.7 つぎの関数の導関数を求めよ．

(1) $y = e^x \sin x$ (2) $y = \sin^3 2x$

【解答】
(1) $y' = (e^x)' \sin x + e^x (\sin x)' = e^x \sin x + e^x \cos x = e^x (\sin x + \cos x)$
(2) $y = (\sin 2x)^3$ なので，$y' = 3(\sin 2x)^2 (\sin 2x)' = 3 \sin^2 2x \cdot \cos 2x (2x)'$
$= 6 \sin^2 2x \cdot \cos 2x$ ◇

問題 6.7

問 1. つぎの関数の導関数を求めよ．
(1) $y = \sin 2x$ (2) $y = \cos(2 - 3x)$ (3) $y = x \cos x$
(4) $y = \tan(x^2 + 1)$ (5) $y = \sqrt{1 + \sin x}$ (6) $y = \sec x$
(7) $y = \dfrac{\cos x}{1 + \sin x}$ (8) $y = \dfrac{\sin x}{\sin x + \cos x}$

問 2. 曲線 $y = \cos x$ 上の点 $\mathrm{P}(\theta, \cos \theta)$ での接線が原点を通るとき，$\theta \tan \theta = -1$ となることを示せ．

問 3. 関数 $y = x + 2 \sin x \ (0 \leqq x \leqq \pi)$ の最大値と最小値を求めよ．

6.8 指数関数の微分

微分積分学においては指数関数を微分する必要がある．しかしながら，以下で見るように微分積分学では底はよく使われる 2 や 10 などではなく，ある特別な実数を指数関数の底として用いることになる．指数関数 $y = a^x \ (a > 0, \ a \neq 1)$ の導関数を計算してみよう．定義より，

$$(a^x)' = \lim_{h \to 0} \frac{a^{x+h} - a^x}{h} \tag{6.12}$$

したがって，

$$(a^x)' = \lim_{h \to 0} \frac{a^x(a^h - 1)}{h} = a^x \times \lim_{h \to 0} \frac{a^h - 1}{h} \tag{6.13}$$

極限値 $\lim_{h \to 0} \dfrac{a^h - 1}{h}$ について少し詳しく調べてみる．この式を，$t = a^h - 1$ の式で書き換えると，$a^h = 1 + t$ より，$h = \log_a(1 + t)$ になることと，$h \to 0$ のとき $t \to 0$ となることを合わせ，

$$\lim_{h \to 0} \frac{a^h - 1}{h} = \lim_{t \to 0} \frac{t}{\log_a(1 + t)} = \lim_{t \to 0} \frac{1}{\frac{1}{t} \log_a(1 + t)} = \lim_{t \to 0} \frac{1}{\log_a(1 + t)^{\frac{1}{t}}}$$

となる．

ここで，$(1 + t)^{\frac{1}{t}}$ の値を計算してしてみると，**表 6.1**，あるいは**図 6.11** のように $t \to 0$ のときある一定の値に近づくことがわかる．

表 6.1 $(1+t)^{\frac{1}{t}}$ の値

t	$(1+t)^{\frac{1}{t}}$	t	$(1+t)^{\frac{1}{t}}$
0.01	2.70481	-0.01	2.73200
0.001	2.71692	-0.001	2.71964
0.0001	2.71815	-0.0001	2.71842
0.00001	2.71827	-0.00001	2.71830

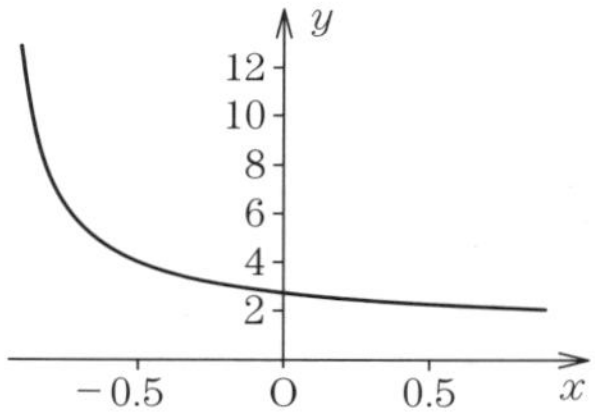

図 6.11 $y = (1+x)^{\frac{1}{x}}$

説明は省くが，実数の性質を用い極限値 $\lim_{t \to 0}(1 + t)^{\frac{1}{t}}$ の存在を演繹的に証明することも可能である．

定義 6.5（自然対数の底） 極限値 $\lim_{t \to 0}(1 + t)^{\frac{1}{t}}$ を**ネピアの数**または**自然対数の底**と呼び，e で表す：

$$\lim_{t \to 0}(1 + t)^{\frac{1}{t}} = e.$$

注意：e は無理数で，$e = 2.718\,281\,828\,459\cdots$ であることが知られている．e の値を求めるのに定義式 $\lim_{t\to 0}(1+t)^{\frac{1}{t}} = e$ を用いるのは，収束が遅く得策ではない．テイラー展開の理論から導かれるつぎの式を用いるのが一般的である．

$$\lim_{n\to 0}\left\{1+\frac{1}{1!}+\frac{1}{2!}+\frac{1}{3!}+\cdots+\frac{1}{n!}\right\} = e \qquad (n! = 1\cdot 2\cdot 3\cdots\cdots n)$$

a^x の導関数の計算を続けよう．e の定義と，x が連続的に変化するとき $\log_a x$ も連続的に変化することから，

$$t \to 0 \implies (1+t)^{\frac{1}{t}} \to e$$
$$\implies \log_a (1+t)^{\frac{1}{t}} \to \log_a e$$

が得られ，極限値 $\displaystyle\lim_{h\to 0}\frac{a^h-1}{h}$ は e を用いて，$\dfrac{1}{\log_a e}$ と表せる．したがって，

$$(a^x)' = \frac{a^x}{\log_a e} \tag{6.14}$$

が導かれた．この式を，e を定数とした対数を用いた式に書き直しておく．

定義 6.6 e を底とする対数 $\log_e x$ を**自然対数**という．微分法や積分法では，通常底 e を省略し，$\log_e x$ を $\log x$ と書く．

定理 6.18 $(a^x)' = a^x \log a \ (a>0, a\neq 1)$ が成り立つ．特に，$(e^x)' = e^x$ である．

証明 式 (6.14) と，底の変換公式 (定理 5.4)：$\dfrac{1}{\log_a e} = \log_e a = \log a$ より，定理の前半が示される．後半は，$\log e = \log_e e = 1$ より明らか． □

注意：$f(x) = a^x$ とおくとき，$f'(x) = a^x \log a$ より，$f'(0) = \log a$ であり，これは曲線 $y = f(x)$ 上の点 $P(0, 1)$ での傾きが $\log a$ であることを示している．したがって，正数 a が変化するごとに，この傾きも変化することになるが，特に a の値が e に一致するとき，この傾きがちょうど 1 になる．

注意：微分学や積分学では，指数関数として e を底とした e^x のみを考えることが多い．その理由として，例えばつぎのような事実が挙げられる．

(1) 定理 5.5 より，$a^x = e^{x \log a}$ が成り立ち，a の累乗は e の累乗で表せる．このことから，例えば，$(e^x)' = e^x$ を知っていれば，合成関数の微分公式から，$(a^x)' = (e^{x \log a})' = e^{x \log a}(x \log a)' = a^x \log a$ が導かれる（$\log a$ は定数！）．

(2) 他の底の指数関数に比べ，e^x の微分公式は $\log a$ 倍する必要がなく扱いやすい．例えば，$y' = ky$（k は定数）を満たす x の関数 y を求めようとすると，合成関数の微分公式と $(e^x)' = e^x$ から，$y = e^{kx}$ が解の 1 つであることが簡単に求まるが，これを他の数 a を底とした指数関数で表そうとすると少々厄介になる．

例題 6.8 つぎの関数の導関数を求めよ．

(1) $y = e^{2x}$ (2) $y = e^{-3x} + 4e^{6x}$ (3) $y = (e^{2x} + e^{-2x})^2$

【解答】 (1) $y' = 2e^{2x}$，(2) $y' = -3e^{-3x} + 24e^{6x}$，(3) $y = e^{4x} + 2 + e^{-4x}$ となるので，$y' = 4e^{4x} - 4e^{-4x}$ である． ◇

問 13. つぎの関数の導関数を求めよ．

(1) $y = e^{3x} + e^{-5x}$ (2) $y = (e^x + e^{-x})^3$ (3) $y = \dfrac{e^x - 1}{e^x + 1}$

例題 6.9 曲線 $y = e^{2x}$ 上の点 $(0, 1)$ での接線の方程式を求めよ．

【解答】 $y' = 2e^{2x}$ だから，$x = 0$ での接線の傾きは 2 となる．よって求める式は $y = 2x + 1$ となる． ◇

問 14. 曲線 $y = xe^{-x}$ 上の点 $(0, 0)$ における接線の方程式を求めよ．

さて，e を底とする指数関数を定めたので，この指数関数を用いた**双曲線関数**と呼ばれるものを定義しておく．

定義 6.7（双曲線関数） 指数関数 e^x と e^{-x} を用いてつぎのような関数が定まる．

(1) $\sinh x = \dfrac{e^x - e^{-x}}{2}$ (6.15)

(2) $\cosh x = \dfrac{e^x + e^{-x}}{2}$ (6.16)

(3) $\tanh x = \dfrac{\sinh x}{\cosh x} = \dfrac{e^x - e^{-x}}{e^x + e^{-x}}$ (6.17)

これらをまとめて双曲線関数と呼ぶ.

双曲線関数についてつぎが成り立つ.

定理 6.19 t を実数とするとき,平面上の点 $(\cosh t, \sinh t)$ は曲線 $x^2 - y^2 = 1$ の上にある.すなわち,$\cosh^2 t - \sinh^2 t = 1$ が成り立つ.

証明 $(\cosh t)^2 - (\sinh t)^2 = \left(\dfrac{e^x + e^{-x}}{2}\right)^2 - \left(\dfrac{e^x - e^{-x}}{2}\right)^2 = \dfrac{1}{4}(e^{2x} + 2 + e^{-2x}) - \dfrac{1}{4}(e^{2x} - 2 + e^{-2x}) = 1$ であるから,与えられた点は曲線 $x^2 - y^2 = 1$ 上にある. □

注意:方程式 $x^2 - y^2 = 1$ で与えられた曲線を(直角)双曲線という(p.43 参照).三角関数が単位円 $x^2 + y^2 = 1$ に対応しているように上で定めた関数は双曲線に対応している.この事実が双曲線関数と呼ばれる理由でもある(図 **6.12**).

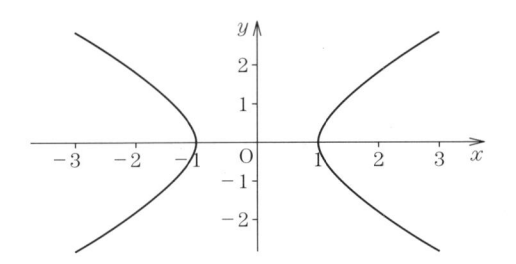

図 **6.12** $x^2 - y^2 = 1$

例題 6.10 双曲線関数についてつぎの事柄が成り立つことを示せ.
(1) $1 - \tanh^2 t = \dfrac{1}{\cosh^2 t}$ (2) $\sinh 2t = 2\sinh t \cosh t$

【解答】
(1) $1 - \tanh^2 t = 1 - \left(\dfrac{\sinh t}{\cosh t}\right)^2 = \dfrac{\cosh^2 t - \sinh^2 t}{\cosh^2 t} = \dfrac{1}{\cosh^2 t}$

(2) $\sinh 2t = \dfrac{e^{2x} - e^{-2x}}{2} = \dfrac{(e^x + e^{-x})(e^x - e^{-x})}{2} = 2\dfrac{e^x + e^{-x}}{2}\dfrac{e^x - e^{-x}}{2}$
$= 2\sinh t \cosh t$ ◇

定理 6.20 （双曲線関数の微分公式） $(\sinh x)' = \cosh x$, $(\cosh x)' = \sinh x$, $(\tanh x)' = \dfrac{1}{\cosh^2 x}$ が成り立つ.

問 15. 定理 6.20 を示せ.

問　題　6.8

問 1. つぎの関数の導関数を求めよ.
  (1) $y = e^{3x}$　　(2) $y = (e^x - e^{-x})^3$　　(3) $y = 3^x$
  (4) $y = 10^x$　　(5) $y = 3^{-x}$　　(6) $y = (2^x + 2^{-x})^2$

問 2. 曲線 $y = 2^x$ 上の点 $(0, 1)$ における接線の方程式を求めよ.

問 3. 双曲線関数についてつぎのことを示せ.
  (1) $\cosh 2t = \cosh^2 t + \sinh^2 t = 2\cosh^2 t - 1 = 1 + 2\sinh^2 t$
  (2) $\sinh(s + t) = \sinh s \cosh t + \cosh s \sinh t$
  (3) $\tanh(s + t) = \dfrac{\tanh s + \tanh t}{1 + \tanh s \tanh t}$

6.9　対数関数の微分

この節で対数関数の微分公式を求めよう.

注意：対数を扱うときには真数条件より x の値は正の実数しかとれないが, 負の実数も考えたいので x の絶対値をとった対数 $\log_a |x|$ を考察することにする.

定理 6.21 $(\log |x|)' = \dfrac{1}{x}$ が成り立つ.

証明 $y = \log |x|$ とおく. $x > 0$ の場合：$y = \log x$ であり, これを x につい

て解くと $x = e^y$. したがって，逆関数の微分公式 $\dfrac{dy}{dx} = \dfrac{1}{\frac{dx}{dy}}$ より，$(\log x)' = \dfrac{1}{(e^y)'} = \dfrac{1}{e^y} = \dfrac{1}{x}$ が成り立つ.

$x < 0$ の場合：$y = \log(-x)$ が成立．ここで $t = -x$ とおくと，$y = \log t$ かつ $t > 0$ なので，上の結果と合成関数の微分公式より，

$$y' = \frac{dy}{dx} = \frac{dx}{dt}\frac{dt}{dx} = \frac{1}{t} \cdot (-1) = \frac{1}{x}$$

□

定理 6.21 と底の変換公式（定理 5.3）から，対数 $\log_a |x|$ の微分公式が求まる．

定理 6.22 $(\log_a |x|)' = \dfrac{1}{x \log a}$ $(a > 0,\ a \neq 1)$ が成り立つ．

証明 $\log_a |x| = \dfrac{1}{\log a} \log |x|$ なので，$(\log_a |x|)' = \dfrac{1}{\log a}\dfrac{1}{x} = \dfrac{1}{x \log a}$.   □

定理 6.21 と合成関数の微分公式を用いるとつぎの対数微分の公式が得られる．

定理 6.23 0 ではない関数 $f(x)$ についてつぎの式が成り立つ．

$$(\log |f(x)|)' = \frac{f'(x)}{f(x)} \tag{6.18}$$

この結果を利用するとつぎのような計算が可能となる．

例題 6.11 つぎの導関数を求めよ.
(1) $y = -\log |\cos x|$ (2) $y = \log(x^2 + 1)$
(3) $y = \log |e^x - 3|$

【解答】
(1) $y' = -\dfrac{-\sin x}{\cos x} = \tan x$ (2) $y' = \dfrac{2x}{x^2 + 1}$ (3) $y' = \dfrac{e^x}{e^x - 3}$ ◇

問題 6.9

問 1. つぎの導関数を求めよ.
  (1) $y = \log|x+1|$ 　(2) $y = \log|x^3 + 2x^2 - 3x + 5|$
  (3) $y = \log(\log x)$ 　(4) $y = \log|\sin x|$ 　(5) $y = \log|x + \sqrt{x^2+1}|$

問 2. 曲線 $y = \log x$ の上の点 $(1,0)$ における接線の方程式を求めよ.
また, 原点からこの曲線への接線を引くとき, その接線の方程式を求めよ.

章 末 問 題

【1】 曲線 $y = x^3 - 6x + 2$ 上の点 $P(a,\ a^3 - 6a + 2)$ $(a \neq 0)$ の接線を l とする. l が y 軸と交わる点を Q, l が曲線 $y = x^3 - 6x + 2$ と P 以外で交わる点を R とする. PQ : QR の比は接点 P の値にかかわらず一定であることを証明せよ.

【2】 関数 $x^3 - 3p^2 x + 5$ が区間 $-2 \leq x \leq 2$ で正となるための正の定数 p の条件を求めよ.

【3】 (1) 整式 $f(x)$ を $(x-a)^2$ で割った余り $px + q$ を $f(a)$ と $f'(a)$ を用いて表せ.
  (2) $f(x) = x^9 - 3x + 1$ を $(x-1)^2$ で割った余りを求めよ.
  (3) 整式 $f(x)$ が $(x-a)^2$ で割り切れるための条件を求めよ.

【4】 曲線 $y = e^x$ 上の点 P での接線が x 軸と交わる点を R, P から x 軸に下ろした垂線の足を H とするとき, RH の長さは, P の位置によらず一定であることを証明せよ.

【5】 関数 $y = \dfrac{1+x^2}{x}$ の極値を調べ, そのグラフを描け.

【6】 (1) $x > 0$ に対して, $e^x > \dfrac{x^2}{2}$ を証明せよ.
  (2) x の値を限りなく大きくするとき, $f(x) = xe^{-x}$ はどのような値に近づくか.

【7】 関数 $y = xe^{-x}$ の極値を調べ, そのグラフを描け.

【8】 半径 1 の円に内接する 2 等辺三角形の面積 S の最大値を求めよ.

【9】 つぎの関数の導関数を求めよ.
  (1) $y = e^{-x} x^{\frac{3}{4}}$ 　(2) $y = e^{2x^2}$ 　(3) $y = \dfrac{x + e^{-x}}{e^{-x}}$
  (4) $y = \sqrt[4]{x^3 + 2}$ 　(5) $y = \left(\dfrac{x}{x^2+1}\right)^2$ 　(6) $y = e^x(\sin x + \cos x)$

(7) $y = \dfrac{\sin x}{\sqrt{1 + \sin^2 x}}$

【10】関数 $y = e^x \cos x \ (0 \leqq x < 2\pi)$ の極値を求めよ．

【11】（**対数微分法**） $y = f(x)^{g(x)}$ の導関数を求めるにはまずこの式の自然対数をとって $\log y = \log f(x)^{g(x)} = g(x) \log f(x)$ を考える．つぎにこの式の両辺を x について微分すると左辺は $\dfrac{y'}{y}$ であり，右辺は積の微分公式を用いることで $g'(x) \log f(x) + \dfrac{g(x) f'(x)}{f(x)}$ がいえる．よって求める y' は $y' = y \left(g'(x) \log f(x) + \dfrac{g(x) f'(x)}{f(x)} \right)$ となる．この公式を用いてつぎの関数の導関数を求めよ．ただし，$x > 0$ とする．

(1) $y = x^x$　　(2) $y = x^{\frac{1}{x}}$

【12】複素数 $z = x + iy$ $(x, y : 実数)$ に対し，$f(x) = e^x(\cos y + i \sin y)$ とおく．つぎの式を示せ．

(1) $f(z_1 + z_2) = f(z_1) f(z_2)$　$(z_i = x_i + iy_i;\ x_i, y_i : 実数)$

(2) t を実数変数とするとき，$\dfrac{d}{dt} f(zt) = z f(zt)$．ただし，$\dfrac{d}{dt} f(zt) = \dfrac{d}{dt}(e^{xt} \cos yt) + i \dfrac{d}{dt}(e^{xt} \sin yt)$ とする．

（注意：$z = x (= 実数)$, $z_i = x_i (= 実数)$ のとき，(1) は $e^{x_1 + x_2} = e^{x_1} e^{x_2}$, (2) は $\dfrac{d\, e^{xt}}{dt} = x e^{xt}$ に他ならない．その意味で，$f(z)$ は指数関数の拡張とみることができ，複素数 z に対しても $f(z) = e^z$ と表す．すなわち，

$$e^z = e^{x+iy} = e^x(\cos y + i \sin y) \tag{6.19}$$

と書く．$x = 0$ のとき，式 (6.19) を**オイラーの公式**という．）

引用・参考文献

[1] 岩瀬重雄：高校数学公式活用辞典，旺文社 (2002)
[2] 長岡亮介：本質の研究高校　数学 I＋A, II＋B, III＋C，旺文社 (2005)
[3] 文英堂編集部：高校これでわかる数学 I＋A, II＋B, III＋C，文英堂 (2005)
[4] 彌永昌吉：ガロアの時代　ガロアの数学　第一部　時代篇，シュプリンガー・ジャパン (1999)
[5] 下田保博：微積分学入門，コロナ社 (2009)
[6] 加藤末広，勝野恵子，谷口哲也：微分積分学，コロナ社 (2009)
[7] 高木貞治：解析概論 改訂第 3 版，岩波書店 (1983)
[8] 一松　信：解析学序説，裳華房（上巻 1981，下巻 1987）

　本書の執筆にあたり，高等学校の教科書，および [1], [2], [3] などの書物を参照させていただきました．ここに深く感謝します．

　微分積分学の起源に興味ある読者には，例えば [4] 第 2 章が参考になるだろう．ガロアについてだけでなく，数学史の概観が要領よく記述されている．

　微分積分学に関しては非常に沢山の本があるので，自分自身に合ったものを選ぶのがよいと思う．このシリーズでは [5] と [6] の教科書が出版されている．

　本格的に微分積分学を学ぶ意欲のある読者は，[7] にあたってみられたい．解析学についてかなり深いところまで一通りのことがまとめられていて，座右におきたい名著である．もう少し読みやすいものを，という方には [8] という本もお薦めである．

問 の 答

1章

問 1. 無限個の有理数 $\dfrac{m}{n}$ を，解図 1.1 のような平面上の格子点上に書き，0 から矢印に沿って順番に番号を付けていく．もし，すでに番号の付けた数と同じものが現れた場合は飛ばしていく．最初のいくつかを順番に並べれば，$0, -1, 1, -2, 2, -\dfrac{1}{2}, \dfrac{1}{2}, -\dfrac{1}{3}, \dfrac{1}{3}, -3, 3, -4, 4, -\dfrac{3}{2}, \dfrac{3}{2}, \cdots$ となる．このような順番ですべての有理数に番号を付けることができる．

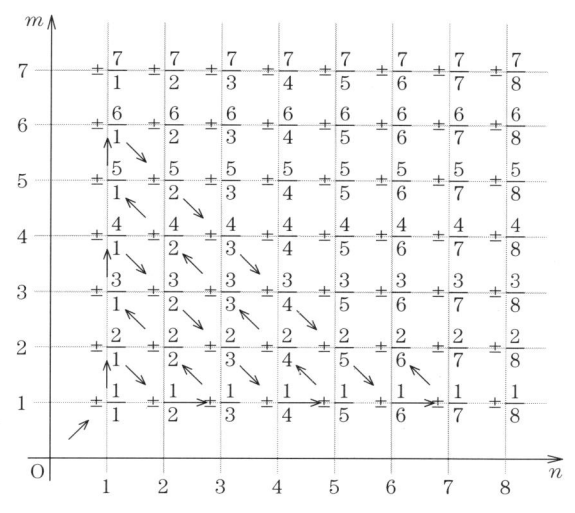

解図 1.1　1章問 1（有理数の番号づけ）

問 2. （ヒント）$\sqrt{2}$ が無理数でないとすると，$\sqrt{2} = \dfrac{m}{n}$ （m, n はたがいに素な整数）と書ける．この式の両辺を 2 乗した式から矛盾を引き出せ．

問 3. 1050

問 4. (1) $\dfrac{11}{10}a - \dfrac{4}{3}ab$　(2) $\dfrac{3}{35}$

問 5. (1) $-\dfrac{2}{ab}$　(2) $-\dfrac{1}{x}$

問 6. (1) $2\sqrt{2}$　(2) $\sqrt[3]{3}$

問7. (1) $\sqrt{3}-\sqrt{2}$ (2) $4+\sqrt{3}$

問8. (1) $(x-2)(x-3)$ (2) $(x-3)^2$ (3) $(a+2)(a^2-2a+4)$
 (4) $(3x+1)(x-2)$ (5) $(4x-3y)(2x-5y)$ (6) $(a-1)(a+1)(b+1)$

問9. (1) 商 $x-3$, 余り 4. (2) 商 x^2+2x+2, 余り 3.

問10. (1) $(7x+3)(x-2)$ (2) $(x-1)(x+2)(x+3)$

問11. (1) $-5-12i$ (2) $20+9i$ (3) $\dfrac{1-5i}{13}$

問12. (1) $\dfrac{1\pm\sqrt{2}\,i}{3}$ (2) $1, \dfrac{-1\pm\sqrt{15}\,i}{2}$ (3) $1, -1$ (3重根)

問13. (1) (a) 十分 (b) 必要十分
 (2) (a) $3<x\leqq 6$ (b) すべての y について $y^2\geqq 4$

問14. (1) 偽 (2) 真

2章

問1. 定義域, 値域の順に (1) $-1\leqq x\leqq 2, 2\leqq y\leqq 6$ (2) $\mathbb{R}, \mathbb{R}$ (3) $x\neq 1, y\neq 0$
 (4) $x\geqq, y\geqq 0$

問2. (1) 第4象限 (2) 第3象限 (3) 第2象限 (4) 第1象限

問3. 解図 2.1, 解図 2.2 参照.

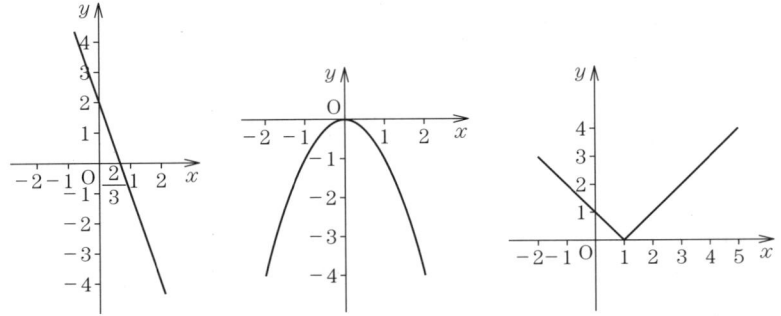

解図 2.1 2章問 3 (1)   解図 2.2 2章問 3 (2)   解図 2.3 2章問 5

問4. (1) $x=-2$ のとき最大値 8, $x=3$ のとき最小値 -7 (2) 最大値はなし, $x=4$ のとき最小値 -10 (3) $x=0$ のとき最大値 2, 最小値はなし (4) $x=2$ のとき最大値 4, $x=0$ のとき最小値 0

問5. 解図 2.3 参照. [$y=|x|$ のグラフを x 軸方向に 1 だけ平行移動する]

問6. $k=3, b=3$

問7. $\dfrac{1}{3}$ 倍, $\dfrac{1}{2}$ 倍

問 8. $y = -2x^2 + 12x - 19$

問 9. (1) 軸 $x = -1$, 頂点 $(-1, 2)$ (2) 軸 $x = -1$, 頂点 $(-1, 3)$ (3) 軸 $x = 1$, 頂点 $\left(1, -\dfrac{3}{2}\right)$ (4) 軸 $x = 2$, 頂点 $(2, -9)$. 解図 2.4～解図 2.7 参照.

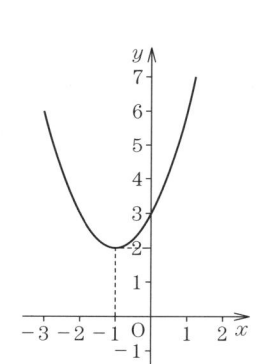

解図 2.4 2 章問 9 (1)

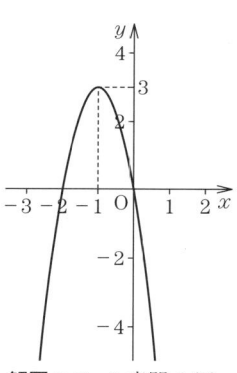

解図 2.5 2 章問 9 (2)

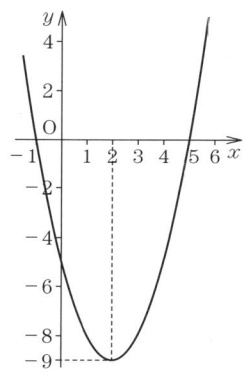

解図 2.6 2 章問 9 (4)

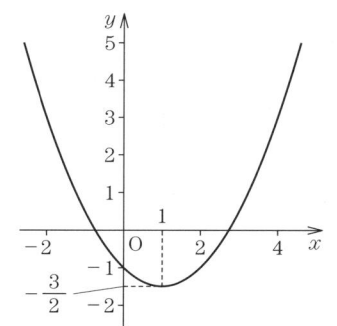

解図 2.7 2 章問 9 (3)

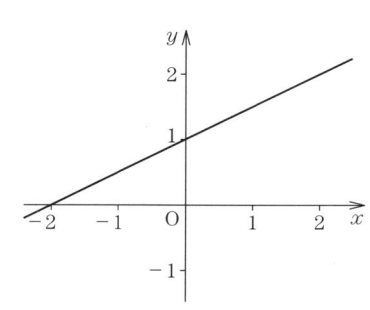

解図 2.8 2 章問 18

問 10. (1) $y = x - 1$, $y = x + 1$, $y = -x - 1$
(2) $y = -x^2 - x + 1$, $y = x^2 - x - 1$, $y = -x^2 + x + 1$

問 11. (1) 原点に関し対称 (2) y 軸に関し対称
(3) x 軸, y 軸, 原点, すべてに関し対称

問 12. $(g \circ f)(x) = 6x + 7$, $(f \circ g)(x) = 6x - 1$

問 13. $(g \circ f)(x) = \dfrac{2}{x + 2}$, $(f \circ g)(x) = \dfrac{2}{x} + 2$, $(g \circ f)(x)$ の定義域は $x \neq -2$, $(f \circ g)(x)$ の定義域は $x \neq 0$

174　　　問　　　の　　　答

問 14. (1) $y = f(u)$ と $u = \dfrac{x}{k}$ との合成
(2) $y = f(u)$ と $u = -x$ との合成

問 15. $X^2 - Y^2 = 4k$

問 16. $a = d,\ b = c = 0$

問 17. (1) $y = \dfrac{x}{2}$　(2) $y = \dfrac{x+7}{3}$

問 18. $y = \dfrac{x}{2} + 1$. 解図 **2.8** 参照.

問 19. 解図 **2.9**～解図 **2.11** 参照. [(1) $y = \sqrt{x}$ のグラフを y 軸方向に $\sqrt{a}$ 倍, (2) $y = \sqrt{a\left(x + \dfrac{b}{a}\right)}$ と考える. (1) のグラフを x 軸方向に $-\dfrac{b}{a}$ だけ平行移動]

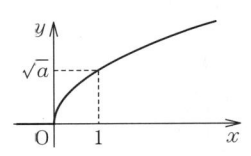

解図 **2.9**　2 章問 19 (1) ($a > 0$ の場合) 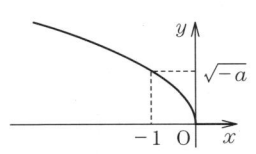　　解図 **2.10**　2 章問 19 (1) ($a < 0$ の場合)　　解図 **2.11**　2 章問 19 (2)

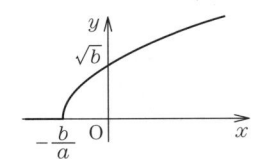

問 20. $x = 3$

3 章

問 1. (1) 円周角の定理より $\angle A = \angle D$. $\therefore a = 2R\sin D = 2R\sin A$
(3) $\triangle ABC$ の底辺 $= c$,　高さ $= b\sin A$. $\therefore S = \dfrac{bc}{2}\sin A$

問 2. 解図 **3.1**～解図 **3.4** 参照.

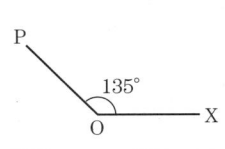

解図 **3.1**　3 章問 2 (1) 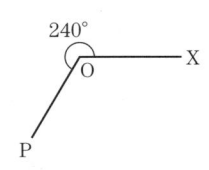　　解図 **3.2**　3 章問 2 (2) 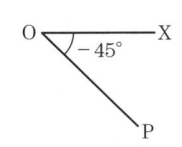　　解図 **3.3**　3 章問 2 (3)

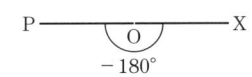

解図 **3.4**　3 章問 2 (4)

問 3. (1) $120° + 360° \times n$　(2) $270° + 360° \times n$

問 4. (1) $135°$　(2) $240°$　(3) $540°$

問の答　175

問 5. (1) $\dfrac{2}{3}\pi$ (2) $\dfrac{5}{6}\pi$ (3) $\dfrac{5}{4}\pi$

問 6. $\sin\theta, \cos\theta, \tan\theta$ の順に, (1) $\dfrac{\sqrt{3}}{2}, -\dfrac{1}{2}, -\sqrt{3}$ (2) $-\dfrac{\sqrt{2}}{2}, \dfrac{\sqrt{2}}{2}, -1$
(3) $-\dfrac{1}{2}, -\dfrac{\sqrt{3}}{2}, \dfrac{\sqrt{3}}{3}$ (4) $-1, 0,$ 定義されない (5) $-\dfrac{\sqrt{2}}{2}, -\dfrac{\sqrt{2}}{2}, 1$
(6) $\dfrac{\sqrt{3}}{2}, \dfrac{1}{2}, \sqrt{3}$

問 7. (1) $\dfrac{\sqrt{2}}{2}$ (2) $\dfrac{\sqrt{3}}{2}$ (3) 1

問 8. (1) $-\dfrac{\sqrt{2}}{2}$ (2) $\dfrac{1}{2}$ (3) $-\dfrac{\sqrt{3}}{3}$

問 9. (1) $\dfrac{1}{2}$ (2) $-\dfrac{\sqrt{2}}{2}$ (3) $\sqrt{3}$

問 10. P と Q は y 軸に関して対称. $\therefore \cos(\pi-\theta) = -\cos\theta, \sin(\pi-\theta) = \sin\theta$.

問 11. (1) $\dfrac{1}{2}$ (2) $-\dfrac{1}{2}$ (3) -1

問 12. (1) $-\cos\dfrac{\pi}{10}$ (2) $\sin\dfrac{3}{14}\pi$ (3) $\cot 20°$

問 13. (1) $\cos 30°, \dfrac{\sqrt{3}}{2}$ (2) $-\sin\dfrac{\pi}{3}, -\dfrac{\sqrt{3}}{2}$ (3) $-\cot\dfrac{\pi}{4}, -1$

問 14. $f(x+p+q) = f(x+p) = f(x), \therefore p+q$ も周期,　$f(x) = f(x+p)$ で x に $x-p$ を代入すると $f(x-p) = f(x). \therefore -p$ も周期.

問 15. (1) $\dfrac{\sqrt{6}-\sqrt{2}}{4}$ (2) $\dfrac{\sqrt{6}+\sqrt{2}}{4}$

問 16. (1) $-\dfrac{4}{5}$ (2) $\dfrac{3+4\sqrt{3}}{10}$

問 17. (1) P$(\cos\beta, \sin\beta)$, Q$(\cos\alpha, \sin\alpha)$, P$'(1,0)$, Q$'(\cos(\alpha-\beta), \sin(\alpha-\beta))$
(2) OP $=$ OP$'$, OQ $=$ OQ$'$, $\angle$POQ $= \angle$P$'$OQ$'$. $\therefore \triangle$OPQ と $\triangle$OP$'$Q$'$ は合同. $\therefore$ PQ $=$ P$'$Q$'$
(3) PQ$^2 = 2 - 2(\cos\alpha\cos\beta + \sin\alpha\sin\beta)$, P$'Q'^2 = 2 - 2\cos(\alpha-\beta)$.
(2), (3) より $\cos(\alpha-\beta) = \cos\alpha\cos\beta + \sin\alpha\sin\beta$ がわかる.
(4) β に $-\beta$ を代入して定理 3.10 (3) がわかる. 一方, 定理 3.10 (4) の α に $\dfrac{\pi}{2} - \alpha$ を代入すると定理 3.10 (1), さらに定理 3.10 (1) の β に $-\beta$ を代入すると定理 3.10 (2) がわかる.

問 18. $\sin 2\alpha = -\dfrac{4\sqrt{2}}{9}$　$\cos 2\alpha = \dfrac{7}{9}$

問 19. $\dfrac{\sqrt{6}-\sqrt{2}}{4}$ $\left[\sin^2\dfrac{\pi}{12} = \dfrac{4-2\sqrt{3}}{8}\right]$

問 20. $\dfrac{3\sqrt{10}}{10}$

問 **21.** 定理 3.15 より $y = 2\sin\dfrac{(A+B)x}{2}\cos\dfrac{(A-B)x}{2}$ と表せる．$|A-B|$ の値が小さいとき $\cos\dfrac{(A-B)x}{2}$ は非常に長い周期をもち，その間 $\sin\dfrac{(A+B)x}{2}$ により，y は小刻みに振動を繰り返す．

問 **22.** $x = \dfrac{2\pi}{3},\ \dfrac{4\pi}{3}$

問 **23.** $0 \leq x < \dfrac{\pi}{6},\ \dfrac{5}{6}\pi < x < 2\pi$

問 **24.** $\dfrac{\pi}{2} < x < \pi$

問 **25.** 最大値 6, 最小値 -4

問 **26.** (1) $\cos\dfrac{5}{3}\pi + i\sin\dfrac{5}{3}\pi$ (2) $2(\cos\pi + i\sin\pi)$ (3) $3\left(\cos\dfrac{3}{2}\pi + i\sin\dfrac{3}{2}\pi\right)$
(4) $2\sqrt{3}\left(\cos\dfrac{\pi}{3} + i\sin\dfrac{\pi}{3}\right)$

問 **27.** w を $\sqrt{2}$ 倍，原点のまわりに $\dfrac{\pi}{4}$ 回転

問 **28.** 絶対値 10, 偏角 $\dfrac{7\pi}{12}$

問 **29.** 絶対値 3, 偏角 $\dfrac{\pi}{2}$

問 **30.** -64

4 章

問 **1.** (1) $\dfrac{1}{4}$ (2) 1 (3) $\dfrac{1}{5}$ (4) 2

問 **2.** (1) a^3 (2) a^{10} (3) a^7 (4) a

問 **3.** (1) 3 (2) 2 (3) $\dfrac{4}{25}$

問 **4.** 81 の 4 乗根は 3 または -3, 343 の 3 乗根は 7

問 **5.** (1) 3 (2) 2 (3) 0.1 (4) -0.5

問 **6.** (1) 4 (2) $\dfrac{1}{3}$ (3) 8 (4) 10

問 **7.** (1) 9 (2) 2 (3) 32 (4) 1

問 **8.** $\dfrac{9}{14}$

問 **9.** グラフは省略（$y = 4^x$ は図 4.4, $y = 4^{-x} = \left(\dfrac{1}{4}\right)^x$ は図 4.5 の場合）．2 つのグラフの関係は y 軸に関して対称なものになる．

問 **10.** (1) $x = \dfrac{2}{3}$ (2) $x = -\dfrac{1}{2}$ (3) $x = -2$

問 **11.** (1) $t = 3^x$ とすると $t = 9$ となる．したがって $x = 2$ である．
(2) $t = 3^x$ とすると $t = 3$ となるので $x = 1$ である．

問 **12.** x, y は $2(2x - y) = 3(x + y - 1),\ 3x + y = 3$ を満たすのでこれを解くと

$x = \dfrac{3}{4}, y = \dfrac{3}{4}$ となる.

5 章
問 1. (1) $\log_3 27 = 3$ (2) $\log_{25} 5 = \dfrac{1}{2}$ (3) $\log_{10} 0.001 = -3$

問 2. (1) $\dfrac{2}{3}$ (2) $\dfrac{3}{2}$ (3) $-\dfrac{1}{2}$ (4) $\dfrac{2}{3}$

問 3. (1) 4 (2) 1 (3) -2 (4) 2 (5) $\dfrac{3}{2}$ (6) 1

問 4. (1) 2 (2) 3 (3) $\dfrac{3}{4}$ (4) $\dfrac{2}{3}$ (5) 2 (6) $\dfrac{5}{4}$

問 5. (1) $\log_4 \sqrt{7} < \log_4 \sqrt{8} < \log_4 3$ (2) $\log_{0.5} 5 < \log_{0.5} 2 < \log_{0.5} 0.1$

問 6. (1) $x = 8$ (2) $x = 4$ (3) $-1 < x < 8$ (4) $\dfrac{1}{2} < x < 1$

問 7. (1) 0.903 (2) 0.523 (3) 3.585

問 8. (1) 6 桁 (2) 19 桁 (3) 31 桁

問 9. $10 \log 0.2 = -6.99$ より小数点 7 位に 0 ではない数が現れる.

6 章
問 1. $f'(1) = \lim\limits_{h \to 0} \dfrac{(1+h)^2 - 1}{h} = \lim\limits_{h \to 0} \dfrac{(1 + 2h + h^2) - 1}{h} = \lim\limits_{h \to 0} (2 + h) = 2$

問 2. $y = 2x - 1$

問 3. (1) $12x + 3$ (2) $-14x$ (3) $3x^2 - 6x + 1$ (4) $8x^7 + 14x^6 - 8x - 1$

問 4. $\lim\limits_{x \to a} f(x) = f'(a) \cdot 0 + f(a) = f(a)$

問 5. (1) $y = -2x + 12$ (2) $y = 3a^2 x - 2a^3$ (3) $y = 6x + 2$ (4) $y = 2$

問 6. (1) $x = 1$ で極小値 2 (2) 極値をとらない (3) $x = 1$ で極大値 0, $x = \dfrac{1}{3}$ で極小値 $-\dfrac{4}{27}$ (4) 極値をとらない. 解図 **6.1**〜解図 **6.4** 参照.

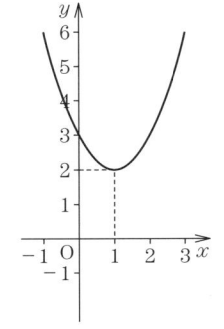

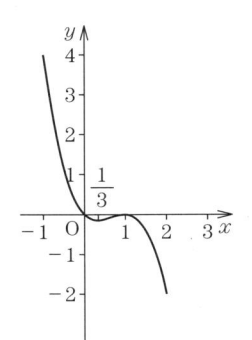

解図 **6.1** 6 章問 6 (1)　　解図 **6.2** 6 章問 6 (2)　　解図 **6.3** 6 章問 6 (3)

解図 **6.4**　6 章問 6 (4)

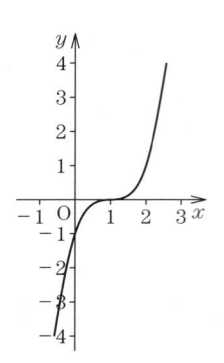

問 7. (1) $x=4$ で最大値 $\dfrac{32}{3}$, $x=0$ で最小値 0　(2) $x=-2$ で最大値 18, $x=2$ で最小値 -14

問 8. (1) $6(2x+1)^2$　(2) $-7(3-x)^6$　(3) $-\dfrac{4}{(2x+5)^3}$

問 9. $y=\dfrac{a}{c}+\dfrac{bc-ad}{c}\dfrac{1}{cx+d}$ より, $y'=\dfrac{bc-ad}{c}\left(\dfrac{1}{cx+d}\right)'=\dfrac{bc-ad}{c}\dfrac{-c}{(cx+d)^2}$
$=\dfrac{ad-bc}{(cx+d)^2}$

問 10. (1) $10x(x^2+3)^4$　(2) $4(x^2+x-2)^3(2x+1)$　(3) $-\dfrac{6x}{(x^2+1)^4}$
(4) $6\left(x+\dfrac{1}{x}\right)^5\left(1-\dfrac{1}{x^2}\right)$

問 11. $(\sqrt{ax+b})'=\dfrac{1}{2\sqrt{ax+b}}\cdot(ax+b)'=\dfrac{a}{2\sqrt{ax+b}}$.

問 12. (1) $\dfrac{3}{2\sqrt{3x+2}}$　(2) $-\dfrac{1}{\sqrt{1-2x}}$　(3) $-\dfrac{5}{2\sqrt{-5x}}$

問 13. (1) $y'=3e^{3x}-5e^{-5x}$　(2) $y'=3(e^x+e^{-x})^2\cdot(e^x-e^{-x})$　(3) $y'=\dfrac{2e^x}{(e^x+1)^2}$

問 14. $y'=e^{-x}(1-x)$ より傾きは 1 となる．したがって接線の方程式は $y=x$ となる．

問 15. $(\sinh x)'=\dfrac{1}{2}(e^x-e^{-x})'=\dfrac{1}{2}(e^x+e^{-x})=\cosh x$ など．

問題の答

問題 1.1
問 1. (1) $2n-1$　(2) n^2

問 2. (1) $a+(n-1)d$　(2) $\dfrac{n\{2a+(n-1)d\}}{2}$
(3) -43. 初めて正になるのは $n=68$.

問 3. 最大公約数は 42. 最小公倍数は $2\,772$.

問 4. (ヒント) 3つの自然数の積を $n(n+1)(n+2)$ とする. $n, (n+1)$ の1つは2の倍数. また, $n, (n+1), (n+2)$ の1つは3の倍数.

問 5. (証明) $a+b$ と ab がたがいに素でないとすると, $a+b, ab$ はある素数 p を公約数にもつ. p は ab を割り, a と b がたがいに素なので, p は a か b 一方だけを割り切る. したがって, p は $a+b$ を割り切ることができない. これは p が $a+b$ と ab の公約数であることに矛盾. ゆえに $a+b$ と ab はたがいに素.

問 6. (証明) 素数は $p_1, p_2, \cdots, p_n$ の有限個しかないと仮定する. いま, 自然数 $N = p_1 \cdot p_2 \cdot p_3 \cdots p_n + 1$ を考えると, N は $p_1, p_2, \cdots, p_n$ のいずれでも割り切れない. したがって, N 自身素数か, または N が $p_1, p_2, \cdots, p_n$ 以外の別の素数で割り切れるということになる. いずれも, $p_1, p_2, \cdots, p_n$ 以外に素数があることになり矛盾.

問題 1.2
問 1. (1) $\dfrac{5}{12}$　(2) $\dfrac{1}{21}$　(3) $7-\dfrac{143}{12}a$　(4) $5a^2+5ab-3b^2$
(5) $18c^2-6a^2-27b^2$　(6) $2-\sqrt{3}$　(7) $3\sqrt{6}-7$
(8) $\dfrac{\sqrt{15}-\sqrt{6}}{3}$　(9) $\sqrt{7}-\sqrt{2}$　(10) $\dfrac{\sqrt{14}-\sqrt{6}}{2}$

問 2. $\dfrac{2}{3}$

問題 1.3
問 1. (1) 商 $x+3$, 余り 0.　(2) 商 $x-1$, 余り $x-3$

問 2. (1) $(5x-3)(x+2)$　(2) $(x+1)(2x-1)(x+3)$
(3) $(x^2-5)(x^2+4)$　(4) $(x^2+x+1)(x^2-x+1)$

問 3. $a = -1$, $b = 0$

問題 1.4
問 1. (1) $-46 + 9i$ (2) $\dfrac{1}{2}$ (3) $1 - i$

問 2. ((1) のみ証明, 他は略) $z_1 z_2 = a_1 a_2 - b_1 b_2 + (a_1 b_2 + b_1 a_2)i$ より, $\overline{z_1 z_2} = a_1 a_2 - b_1 b_2 - (a_1 b_2 + b_1 a_2)i$. 一方, $(\overline{z_1})(\overline{z_2}) = (a_1 - b_1 i)(a_2 - b_2 i) = a_1 a_2 - b_1 b_2 - (a_1 b_2 + b_1 a_2)i$ だから与式は成り立つ.

問 3. (1) $\sqrt{13}$ (2) $\dfrac{\sqrt{221}}{13}$ (3) $5\sqrt{2}$ (4) 1

問題 1.5
問 1. (1) $\dfrac{3 \pm \sqrt{15}\,i}{4}$ (2) -2, $1 \pm \sqrt{2}\,i$ (3) $\pm \dfrac{\sqrt{10}}{2}$, $\pm \sqrt{2}\,i$
(4) $\dfrac{-1 \pm \sqrt{3}\,i}{2}$ (共に重根)

問 2. $k = 3$, $\pm i$

問 3. (1) 0 (2) 1 (3) -1

問 4. (1) $\dfrac{-3 \pm \sqrt{11}\,i}{2}$ (2) -2, $1 \pm \sqrt{3}\,i$ (3) $\dfrac{\sqrt{2} \pm \sqrt{2}\,i}{2}$, $\dfrac{-\sqrt{2} \pm \sqrt{2}\,i}{2}$
(4) $\pm i$, $\dfrac{\sqrt{3} \pm i}{2}$, $\dfrac{-\sqrt{3} \pm i}{2}$
(5) 1, $\dfrac{-(1 - \sqrt{5}) \pm \sqrt{10 + 2\sqrt{5}}\,i}{4}$, $\dfrac{-(1 + \sqrt{5}) \pm \sqrt{10 - 2\sqrt{5}}\,i}{4}$

(根の位置については, **解図 1.1**, **解図 1.2** を参照せよ)

問題 1.6
問 1. (ヒント)
(1) 積 xy が奇数であると仮定すると x, y は共に奇数. これから矛盾を引き出せ.
(2) 実数根をもつと仮定して, 矛盾を引き出せ.

問 2. (ヒント)
(1) 与式を完全平方の和で表せ.
(2) 対偶を証明せよ. 3 の倍数でない整数は $3k + 1$ か $3k + 2$ (k は整数) の形である.

問 題 の 答   181

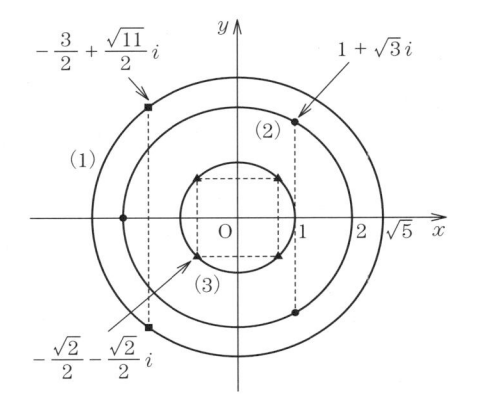

解図 1.1 問題 1.5 問 4 (1),(2)(3)

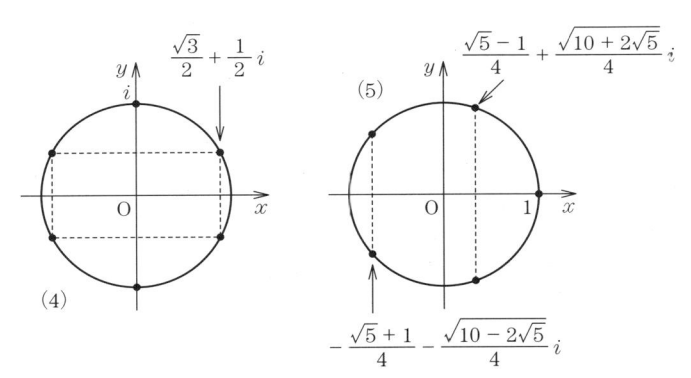

解図 1.2 問題 1.5 問 4 (4),(5)

問 3. (ヒント)
(1) $(1+h)^{k+1} \geqq (1+kh)(1+h) \geqq 1+(k+1)h$ を示せ.
(2) $\dfrac{k(k+1)(2k+1)}{6} + (k+1)^2 = \dfrac{(k+1)(k+2)\{2(k+1)+1\}}{6}$ を示せ.
(3) 略

問題 2.1

問 1. 解図 **2.1**～解図 **2.4** 参照. 値域 (1) $y \geqq 2$ (2) $y \leqq 1$ (3) $2 \leqq y \leqq 5$
(4) $-1 \leqq y \leqq 1$ [(4) は $x<0$ で -1, $0 \leqq 0 < 1$ で $2x-1$, $x \geqq 1$ で 1]
問 2. (1) 2, 2, -8, -2. (2) 解図 **2.5** 参照.
問 3. 5

182　　問　題　の　答

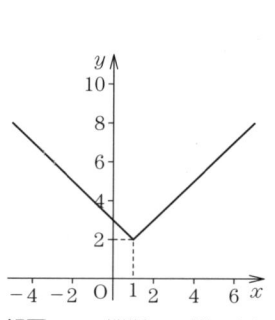

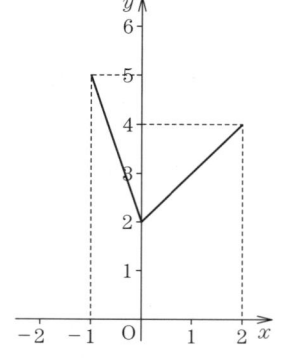

解図 **2.1**　問題 2.1 問 1 (1)　　解図 **2.2**　問題 2.1 問 1 (2)　　解図 **2.3**　問題 2.1 問 1 (3)

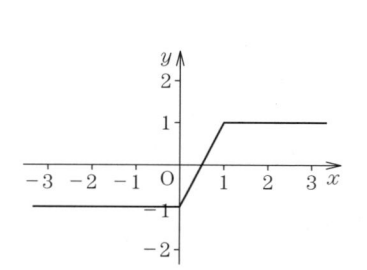

解図 **2.4**　問題 2.1 問 1 (4)　　解図 **2.5**　問題 2.1 問 2

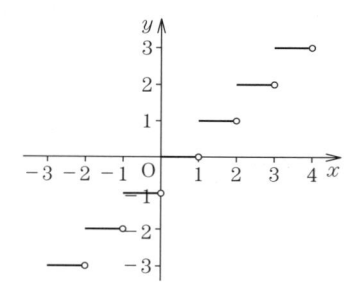

問 4.　$a = 1$, $b = -2$, または $a = -1$, $b = 4$

問題 2.2
問 1.　解図 **2.6**〜解図 **2.9** 参照. [(3) $-3(x-1)^2 + 3$　(4) $y = \dfrac{1}{2}(x-2)^2 + 2$]

問 2.　解図 **2.10**, 解図 **2.11** 参照. 値域 (1) $-4 \leqq y \leqq 0$　(2) $-1 \leqq y \leqq 3$

問 3.　定義域, 値域の順に (1) $-1 \leqq x \leqq 4$, $4 \leqq y \leqq 9$　(2) $-2 \leqq x \leqq 3$, $0 \leqq y \leqq 5$
(3) $-2 \leqq x \leqq 3$, $-5 \leqq y \leqq 0$

問 4.　$k = -2$, $p = -1$, $q = -3$

問 5.　y 軸方向に 21 だけ平行移動

問題 2.3
問 1.　(1) $(g \circ f)(x) = 2x - 4$, $(f \circ g)(x) = 2x - 5$　(2) $(g \circ f)(x) = x^2 - 6x +$

問　題　の　答　　183

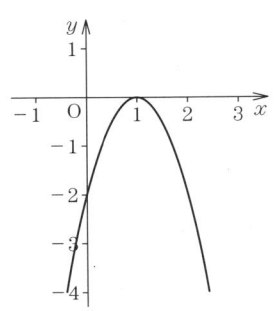

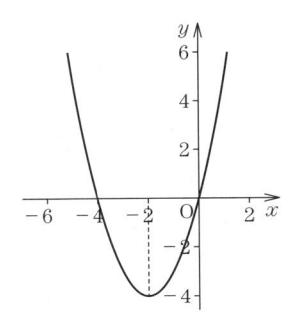

解図 **2.6**　問題 2.2 問 1 (1)　　解図 **2.7**　問題 2.2 問 1 (2)　　解図 **2.8**　問題 2.2 問 1 (3)

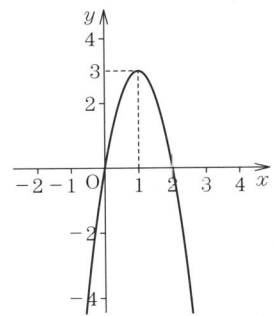

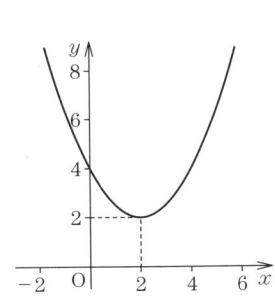

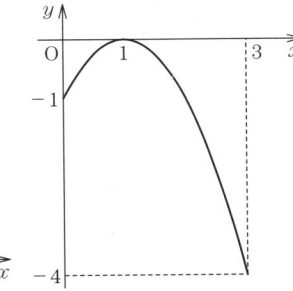

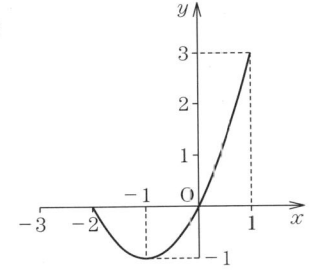

解図 **2.9**　問題 2.2 問 1 (4)　　解図 **2.10**　問題 2.2 問 2 (1)　　解図 **2.11**　問題 2.2 問 2 (2)

$8, (f \circ g)(x) = x^2 - 4x + 2$　(3) $(g \circ f)(x) = \sqrt{x}, (f \circ g)(x) = \sqrt{|x|}$

問 **2.**　$f(x) = x, 1, |x|$ など

問 **3.**　$a = 1, b$ は任意

問題 2.4

問 **1.**　解図 **2.12**〜解図 **2.15** 参照．[(1) $y = 2 - \dfrac{1}{x}$　(2) $y = 1 + \dfrac{2}{x-2}$　(3) $y = 1 - \dfrac{3}{x+1}$, (4) $y = -\dfrac{1}{2} + \dfrac{1}{4\left(x - \dfrac{1}{2}\right)}$ と変形してグラフを描く]

問 **2.**　(1) $y = x - 1 + \dfrac{2}{x+1}$　(2) $x = -1$ と $y = x - 1$　(3) 解図 **2.16** 参照．
　　　[$y = x - 1$ のグラフに $y = \dfrac{2}{x+1}$ を加えて概略を描く]

問 **3.**　$k = \dfrac{bc - ad}{c^2}, p = -\dfrac{d}{c}, q = \dfrac{a}{c}$，漸近線は $x = -\dfrac{d}{c}$ と $y = \dfrac{a}{c}$

184　　問　題　の　答

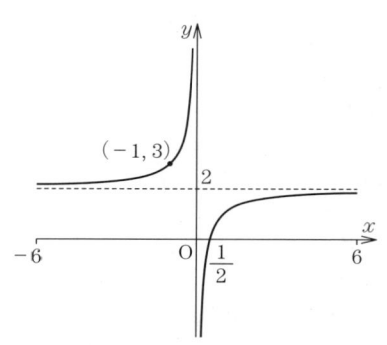

解図 2.12　問題 2.4 問 1(1)

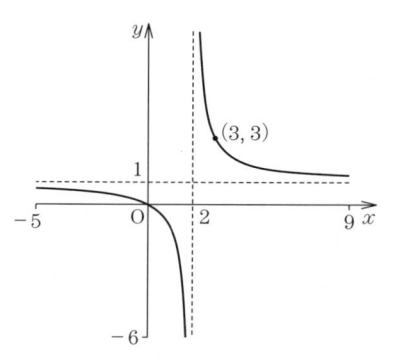

解図 2.13　問題 2.4 問 1(2)

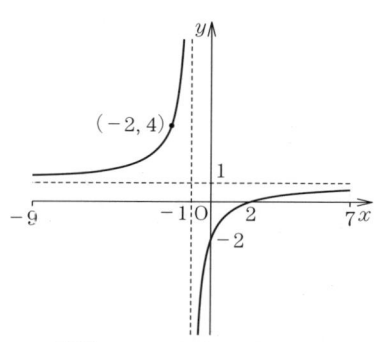

解図 2.14　問題 2.4 問 1(3)

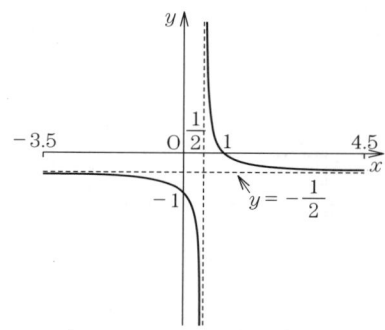

解図 2.15　問題 2.4 問 1(4)

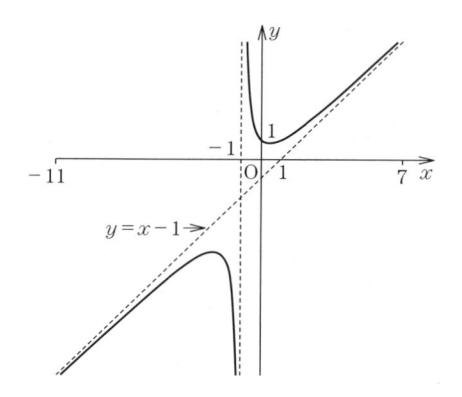

解図 2.16　問題 2.4 問 2(3)

問　題　の　答　185

問題 2.5
問 **1.** (1) $y = \dfrac{x}{8} - \dfrac{1}{4}$ (2) $y = \sqrt{x+1} - 1$ (3) $y = \dfrac{1}{x}$ (4) $y = \dfrac{x+2}{x-1}$
問 **2.** $g(x) = 7x + 6$
問 **3.** $a = 1, b = 0$, または $a = -1, b$ は任意

問題 2.6
問 **1.** $y = \sqrt{x+1}$. 解図 **2.17** 参照.
問 **2.** 解図 **2.18**, 解図 **2.19** 参照.
問 **3.** $-2 \leqq x < 1 + \sqrt{5}$

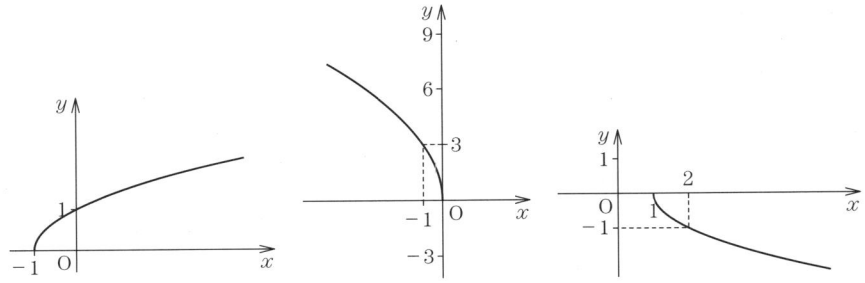

解図 **2.17**　問題 2.6 問 1　　解図 **2.18**　問題 2.6 問 2 (1)　　解図 **2.19**　問題 2.6 問 2 (2)

問題 3.1
問 **1.** (1) $\dfrac{3}{4}$ (2) $\dfrac{12}{5}$ (3) $\dfrac{\sqrt{2}}{4}$
問 **2.** $\dfrac{5\sqrt{2}}{2}$
問 **3.** $\sqrt{19}$
問 **4.** $60°$
問 **5.** $\text{AC} = \dfrac{\sqrt{6}}{2}$, $\text{BC} = \dfrac{1+\sqrt{3}}{2}$, $\sin 75° = \dfrac{\sqrt{6}+\sqrt{2}}{4}$
問 **6.** $\dfrac{5(\sqrt{3}+1)}{2}$
問 **7.** $2 + 2\sqrt{2}$

問題 3.2

問 1. (1) $\dfrac{4}{3}\pi$ (2) $\dfrac{4}{3}\pi$ (3) $\dfrac{5}{4}\pi$

問 2. (1) $630°$ (2) $-600°$ (3) $-54°$

問 3. $0, \dfrac{2}{5}\pi, \dfrac{4}{5}\pi, \dfrac{6}{5}\pi, \dfrac{8}{5}\pi$

問 4. (1) $\dfrac{5}{2}\pi$ (2) 5π (3) $\dfrac{50}{9}\pi$

問 5. $l = 2\pi r \dfrac{\theta}{2\pi} = r\theta,\ S = \pi r^2 \dfrac{\theta}{2\pi} = \dfrac{r^2\theta}{2} = \dfrac{rl}{2}$

問 6. 長さ,面積の順に (1) $2\pi, 8\pi$ (2) $5\pi, 15\pi$

問題 3.3

問 1. (1) $\dfrac{1}{2}$ (2) $\dfrac{\sqrt{2}}{2}$ (3) $\sqrt{3}$ (4) -1 (5) $-\dfrac{1}{2}$ (6) 1 (7) $\dfrac{1}{2}$ (8) -1 (9) 0 (10) 0 (11) $-\dfrac{\sqrt{3}}{2}$ (12) $-\dfrac{\sqrt{2}}{2}$

問 2. (1) $\dfrac{3}{8}$ (2) $\dfrac{11}{16}$

問 3. $\sin\theta = -\dfrac{2\sqrt{2}}{3},\ \tan\theta = -2\sqrt{2}$

問 4. $\sin\theta = -\dfrac{3}{5},\ \cos\theta = -\dfrac{4}{5}$

問 5. (1) 左辺 $= \dfrac{(1+\sin\theta)^2 + \cos^2\theta}{\cos\theta(1+\sin\theta)} = \dfrac{2+2\sin\theta}{\cos\theta(1+\sin\theta)} =$ 右辺

(2) 左辺 $= \dfrac{\sin\theta(1+\cos\theta)}{(1-\cos\theta)(1+\cos\theta)} = \dfrac{\sin\theta(1+\cos\theta)}{\sin^2\theta} =$ 右辺

(3) 左辺 $= \dfrac{\sin^2\theta}{\cos^2\theta} - \sin^2\theta = \dfrac{\sin^2\theta(1-\cos^2\theta)}{\cos^2\theta} =$ 右辺

問題 3.4

問 1. (1) $\sin 40°$ (2) $-\sin 30°$ (3) $-\cot 40°$

問 2. $A+B+C = \pi$ に注意する. (1) $\sin(A+B) = \sin(\pi-C) = \sin C$

(2) $\cos\left(\dfrac{B+C}{2}\right) = \cos\left(\dfrac{\pi}{2} - \dfrac{A}{2}\right) = \sin\dfrac{A}{2}$

問 3. [正弦定理] $A = \dfrac{\pi}{2}$ のとき,$a = 2R = 2R\sin A$, $A > \dfrac{\pi}{2}$ のとき,$\angle BCD = \dfrac{\pi}{2}$. ABDC が円に内接するので,$\angle A + \angle D = \pi$ $\therefore a = 2R\sin D = 2R\sin(\pi - A) = 2R\sin A$.

[面積] $A = \dfrac{\pi}{2}$ のときは明らか. $A > \dfrac{\pi}{2}$ のとき,$\triangle$ABC の底辺 $= c$, 高さ $= b\sin(\pi - A) = b\sin A$. $\therefore S = \dfrac{1}{2}c \cdot b\sin A$.

問題 3.5
問 1. 解図 3.1〜解図 3.4 参照．周期は (1) 2π (2) $\frac{2}{3}\pi$ (3) 2π (4) 4π
問 2. (1) x 軸方向に $-\frac{\pi}{6}$ だけ平行移動 (2) x 軸方向に $\frac{\pi}{2}$ だけ平行移動

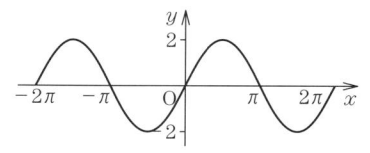

解図 3.1 問題 3.5 問 1 (1)

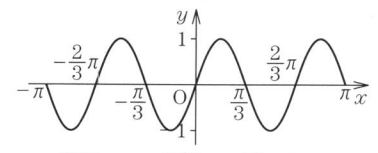

解図 3.2 問題 3.5 問 1 (2)

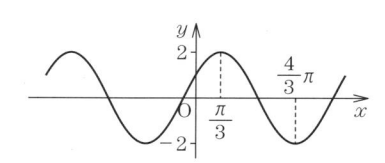

解図 3.3 問題 3.5 問 1 (3)

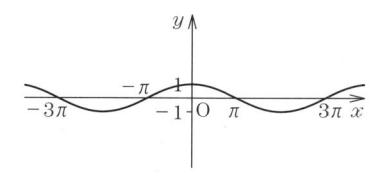

解図 3.4 問題 3.5 問 1 (4)

問題 3.6
問 1. (1) $\frac{\sqrt{6}+\sqrt{2}}{4}$ (2) $-\frac{\sqrt{6}+\sqrt{2}}{4}$ (3) $-\frac{\sqrt{6}+\sqrt{2}}{4}$ (4) $2-\sqrt{3}$ (5) $-2-\sqrt{3}$
問 2. (1) $\cos\alpha = -\frac{3}{5}$, $\cos(\alpha+\beta) = -\frac{5}{13}$ (2) $-\frac{33}{65}$
問 3. (ヒント)
(1) 左辺を加法定理を用いて計算すればよい．
(2) 左辺に加法定理を用いた後，分子と分母を $\cos\alpha\cos\beta$ で割ればよい．
問 4. $\frac{4\sqrt{3}-3}{10}$
問 5. (ヒント)
(1) 左辺に加法定理を用いた後，$\sin^2\alpha$ に $1-\cos^2\alpha$，$\sin^2\beta$ に $1-\cos^2\beta$ を代入する．(2) 左辺に加法定理を用いた後，$\cos^2\alpha$ に $1-\sin^2\alpha$，$\sin^2\beta$ に $1-\cos^2\beta$ を代入する．

問題 3.7
問 1. $\sin 2\alpha = \frac{\sqrt{15}}{8}$, $\cos 2\alpha = \frac{7}{8}$
問 2. (1) $-\frac{3}{5}$ (2) $-\frac{7}{25}$ (3) 第 2 象限

問 3. $\sin\dfrac{\alpha}{2}=\dfrac{2\sqrt{13}}{13}$, $\cos\dfrac{\alpha}{2}=-\dfrac{3\sqrt{13}}{13}$

問 4. (1) $\dfrac{\sqrt{3}+1}{4}$ (2) $\dfrac{2-\sqrt{3}}{4}$ (3) $\dfrac{\sqrt{6}}{2}$ (4) $-\dfrac{\sqrt{2}}{2}$

問 5. $\sin\dfrac{\pi}{12}=\dfrac{\sqrt{6}-\sqrt{2}}{4}$, $\sin\dfrac{7}{24}\pi\cos\dfrac{5}{24}\pi=\dfrac{4+\sqrt{6}-\sqrt{2}}{8}$

問 6. (1) π (2) π. 解図 **3.5**,解図 **3.6** 参照.

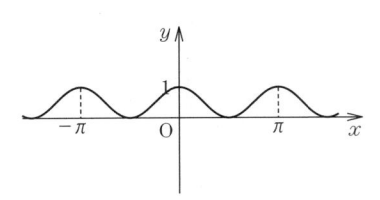

解図 3.5 問題 3.7 問 6 (1) 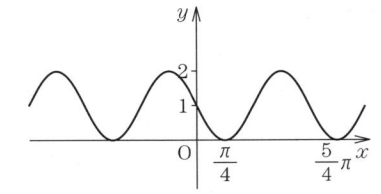　　**解図 3.6** 問題 3.7 問 6 (2)

問題 3.8

問 1. (1) $\sqrt{2}\sin\left(\theta+\dfrac{\pi}{4}\right)$ (2) $2\sin\left(\theta-\dfrac{\pi}{3}\right)$ (3) $4\sqrt{3}\sin\left(\theta+\dfrac{\pi}{6}\right)$

問題 3.9

問 1. $x=\dfrac{\pi}{3},\ \pi,\ \dfrac{5}{3}\pi$

問 2. $x=\dfrac{\pi}{6},\ \dfrac{5}{6}\pi,\ \dfrac{3}{2}\pi$

問 3. $\dfrac{\pi}{6}<x<\dfrac{\pi}{2},\ \dfrac{5}{6}\pi<x<\dfrac{3}{2}\pi$

問 4. $y=(8+5\sqrt{3})x-15-10\sqrt{3},\ y=(8-5\sqrt{3})x-15+10\sqrt{3}$

問 5. (1) $y=2+\cos 2x+2\sin 2x$ (2) 最大値 $2+\sqrt{5}$,最小値 $2-\sqrt{5}$

問 6. $x=\dfrac{\pi}{8}$ で最大値 $\sqrt{2}-1$,$x=\dfrac{\pi}{2}$ で最小値 -2

問題 3.10

問 1. (1) -1 (2) $-\dfrac{\sqrt{2}}{2}+\dfrac{\sqrt{2}}{2}i$

問 2. $\dfrac{2-\sqrt{3}}{2}+\dfrac{1+2\sqrt{3}}{2}i,\ \dfrac{2+\sqrt{3}}{2}+\dfrac{1-2\sqrt{3}}{2}i$

問 3. 絶対値 $2^{\frac{n}{2}}$,偏角 $-\dfrac{\pi n}{4}$

問 4. n の条件:$n=6k$ (k は整数),100 を超える最小の自然数 $n=7$.

問題の答　189

問題 4.1
問 1.　(1) a^{11}　(2) $a^{12}b^8$　(3) $a^8b^5c^2$　(4) $a^{12}b^{24}$　(5) $a^{31}b^{36}$
問 2.　(1) 4　(2) 384　(3) $a^{-10}b^{-3}$　(4) 4×10^6
問 3.　1.9×10^3 倍
問 4.　8 分 20 秒

問題 4.2
問 1.　(1) 3　(2) ±5　(3) −4　(4) $\pm\sqrt{2}$
問 2.　(1) 27　(2) 27　(3) 2　(4) 3
問 3.　(1) 4　(2) 6　(3) 3　(4) $\sqrt{7}$

問題 4.3
問 1.　(1) 27　(2) 4　(3) $\dfrac{1}{4}$　(4) $\dfrac{1}{10}$
問 2.　(1) 2　(2) $\dfrac{9\sqrt{3}}{32}$　(3) $\sqrt{b}$　(4) $ab^{\frac{1}{4}}$　(5) $a^{-1}b^{\frac{1}{6}}$　(6) $\dfrac{64}{9}\sqrt{3}$　(7) 432　(8) 2
問 3.　$\dfrac{21}{5}$

問題 4.4
問 1.　解図 4.1〜解図 4.3 参照.
問 2.　(1) 底を 3 にそろえて比較すると $1<\sqrt[3]{3}<\sqrt[7]{27}<\sqrt[4]{9}$　(2) 2, 3, 4 の最小公倍数が 12 より 12 乗して考えると $\sqrt[4]{5}<\sqrt[3]{4}<\sqrt{3}$　(3) $2^{30}<3^{20}$　(4) $\sqrt[3]{\dfrac{8}{27}}<\sqrt[3]{\dfrac{4}{9}}<\sqrt[3]{\dfrac{9}{16}}$

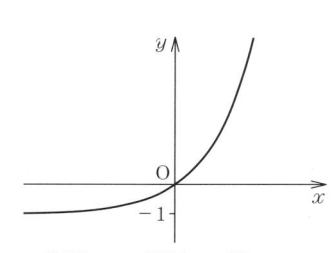

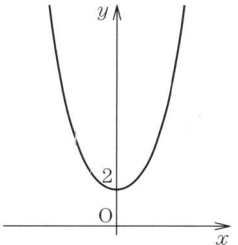

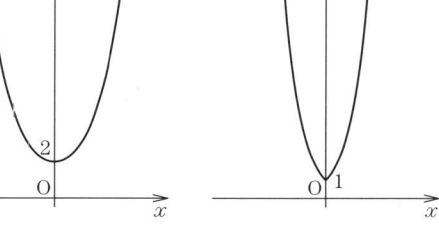

解図 4.1　問題 4.4 問 1 (1)　　解図 4.2　問題 4.4 問 1 (2)　　解図 4.3　問題 4.4 問 1 (3)

問題 4.5

問 1. (1) $x=4$ (2) $x>3$ (3) $x>-2$ (4) $x=\dfrac{9}{5}$ (5) $x<3$

問 2. (1) $x=3$ (2) $x=-1$ (3) $x=0, 2$ (4) $x=0$

問 3. (1) $x=2, y=5$ (2) $x=3, y=2$ (3) $x=5, y=3$ または $x=3, y=5$ (4) $x=-1, y=\dfrac{1}{2}$ (5) $x=4, y=1$

問 4. $t=2^x+2^{-x}$ とおけ. このとき $f(x)=t^2-5t+1$ より最小値は $-\dfrac{21}{4}(x=-1,1)$ である.

問 5. $603=9\times 67$ に注意すると $\dfrac{3}{x}-\dfrac{4}{y}=-2$ がわかる.

問題 5.1

問 1. (1) $\log_2 1=0$ (2) $\log_{10} 2=\dfrac{1}{4}$ (3) $\log_3 243=5$ (4) $\log_{100}\dfrac{1}{10}=-\dfrac{1}{2}$

問 2. (1) -1 (2) $\dfrac{3}{2}$ (3) $-\dfrac{1}{2}$ (4) 4 (5) $-\dfrac{1}{4}$

問 3. (1) $\dfrac{1}{\sqrt{3}}$ (2) 2 (3) 3 (4) $\dfrac{5}{2}$

問 4. (1) $\log_{10} 2+1$ (2) $\dfrac{1}{3}$ (3) 3 (4) $\log_{10} 3$ (5) 1

問 5. (1) $1-p$ (2) $p+q-1$ (3) $3p+q$ (4) $-2p-q$ (5) $\dfrac{1}{2}(1-2p)$

問題 5.2

問 1. (1) 6 (2) 3 (3) 5

問 2. (1) pq (2) $pq+1$ (3) $\dfrac{1+p}{pq+1}$

問 3. $\log_2 7=pq$ に注意すると答は $\dfrac{pq+3}{pq+p+1}$

問 4. (1) $X=\sqrt{3}$ (2) $X=\dfrac{1}{2}$ (3) $X=x^2$

問題 5.3

問 1. (1) $\log_4 2<\log_3 4<\log_2 3$ (2) $\log_5 10<\dfrac{3}{2}<\log_3 6$

問 2. $\log(1+a)+\log(1-a)=\log(1-a^2)<0$ に注意する. 答は $\log(1+a)<|\log(1-a)|$

問 3. $0<\log_b a<1, b>1$ より $\log_b(\log_b a)^2<0$ したがって $\log_b(\log_b a)^2<(\log_b a)^3<\log_b a^3$

問題の答　191

問題 5.4
問 1.　(1) $x = 9$　(2) $x = 5, -2$　(3) $x = 2$　(4) $x = 4$
　　　　(5) $x = (\log_2 3)^3, y = (\log_2 3)^2$
問 2.　(1) $\dfrac{5}{2} < x \leqq 3$　(2) $x \geqq 8$　(3) $10 < x < 12$　(4) $-5 < x < -2$

問題 5.5
問 1.　$x = 14$
問 2.　(1) 56 桁　(2) 小数第 37 位
問 3.　$21 \leqq n \leqq 30$
問 4.　7 枚
問 5.　略

問題 6.1
問 1.　(1) 3　(2) 3　(3) 4
問 2.　(1) $f'(a) = \lim\limits_{h \to 0} \dfrac{2(a+h) - 2a}{h} = \lim\limits_{h \to 0} 2 = 2$　(2) $f'(a) = \lim\limits_{h \to 0} \dfrac{(a+h)^2 - a^2}{h} =$ $\lim\limits_{h \to 0} \dfrac{(a^2 + 2ah + h^2) - a^2}{h} = \lim\limits_{h \to 0} (2a + h) = 2a$
問 3.　(1) $y = -2x - 1$　(2) $y = 2ax - a^2$　(3) $y = 3x$

問題 6.2
問 1.　(1) 2　(2) 0　(3) $-3x^2 + 2$　(4) $12x^3 - 5x - 3$　(5) $x^2 - x + 1$
　　　　(6) $40x^7 - 7x^6 + 6x - 4$
問 2.　(1) $2\pi r$　(2) $4\pi r^2$　(3) $\dfrac{k}{P}$
問 3.　(1) $y = 4x - 6$　(2) $y = 3x - 6$
問 4.　(1) $y = 2,\ y = 6$　(2) $y = -x + 3,\ y = -x - 1$　(3) $y = x$
問 5.　$y = 0,\ y = 27x - 54$

問題 6.3
問 1.　$y = ax^3 + bx^2 + cx + d$ とする．$a(x-p)^3 + b(x-p)^2 + c(x-p) + d + q = mx^3 + nx$ の x^k ($k = 3, 2, 1, 0$) の係数を比較すると，$a = m$，$-3ap + b = 0$，$3ap^2 - 2bp + c = n$，$-ap^3 + bp^2 - cp + d + q = 0$．これらの式から，順次 m, p, n, q が定まる．
問 2.　(1) $x = 3$ で最大値 41，$x = 6$ で最小値 -40

(2) $x=2$ で最大値 13, $x=1$ で最小値 0

問 3. (1) $x=0$ で極小値 -1, 極大値はなし (2) $x=1$ で極小値 0, 極大値はなし (3) $x=1$ で極小値 -7, 極大値はなし (4) $x=0$ で極大値 $\dfrac{2}{3}$, $x=-1$ で極小値 -1, $x=2$ で極小値 -10. **解図 6.1**〜**解図 6.4** 参照.

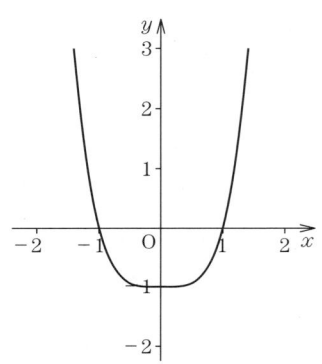

解図 6.1　問題 6.3 問 3 (1)

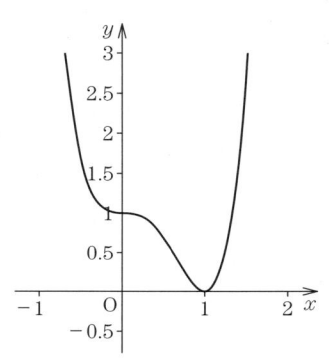

解図 6.2　問題 6.3 問 3 (2)

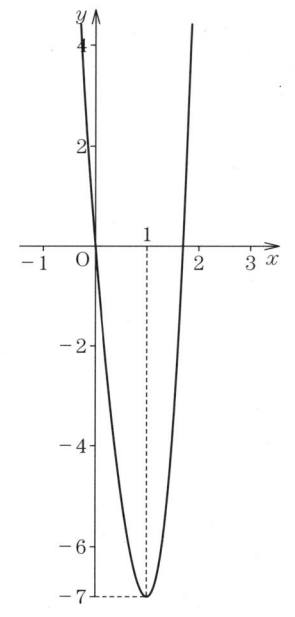

解図 6.3　問題 6.3 問 3 (3)

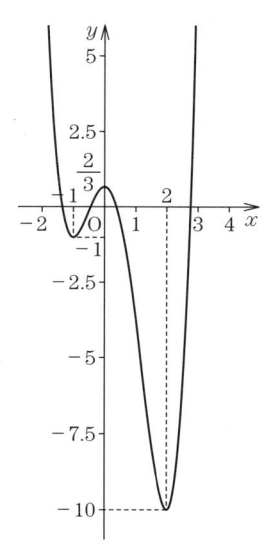

解図 6.4　問題 6.3 問 3 (4)

問 4. 判別式を D とおくと, $D>0$ のとき極値の個数は 2, $D\leqq 0$ のとき極値の個数は 0.

問 5. 極値の個数は,重複度が奇数となるような実数解の個数に一致する.

問 6. $p<-4$ のとき 1 個, $p=-4$ のとき 2 個, $-4<p<0$ のとき 3 個, $p=0$ のとき 2 個, $p>0$ のとき 1 個. [$f(x)=-x^3-3x^2$ とおくと, $p=f(x)$. 曲線 $y=f(x)$ と直線 $y=p$ の共有点の個数を調べる.]

問題 6.4

問 1. $\left(\dfrac{1}{g(x)}\right)'=\dfrac{(1)'g(x)-1\cdot g'(x)}{g(x)^2}=-\dfrac{g'(x)}{g(x)^2}.$

問 2. $(x^{-n})'=\left(\dfrac{1}{x^n}\right)'=-\dfrac{(x^n)'}{(x^n)^2}=-\dfrac{nx^{n-1}}{x^{2n}}=-nx^{-n-1}$

問 3. (1) $24x+23$ (2) $5x^4+12x^2+2x$ (3) $-\dfrac{5}{(3x+8)^2}$ (4) $-\dfrac{3}{(3x+4)^2}$ (5) $-\dfrac{4}{x^5}$ (6) $1+\dfrac{1}{x^2}$

問 4. (1) 左辺 $=\{f(x)g(x)\}'h(x)+\{f(x)g(x)\}h'(x)=\{f'(x)g(x)+f(x)g'(x)\}h(x)+f(x)g(x)h'(x)=$ 右辺 (2) $3x^2+12x+11$

問題 6.5

問 1. (1) $36(4x+7)^8$ (2) $-8x(1-x^2)^3$ (3) $9(2x^3-3x+1)^2(2x^2-1)$ (4) $-\dfrac{9}{(x-8)^4}$ (5) $2(x+2)(3x+4)^3(9x+16)$ (6) $\dfrac{(x+3)(x-1)}{(x+1)^2}$

問 2. 1 [設問の式の両辺を微分すると, $f'(x)=-f'(-x)+2$. この式での $x=0$ の値をとればよい.]

問 3. 定理 6.9 (1) より, $y+xy'=0$. $\therefore y'=-\dfrac{y}{x}=-\dfrac{1}{x^2}$

問題 6.6

問 1. $y=\sqrt[n]{x}$ とおくと, $y^n=x$. $y'=\dfrac{dy}{dx}=\dfrac{1}{\dfrac{dx}{dy}}=\dfrac{1}{ny^{n-1}}=\dfrac{1}{n}x^{\frac{1-n}{n}}=\dfrac{1}{n}x^{\frac{1}{n}-1}$

問 2. (1) $-\dfrac{2}{\sqrt{-4x+1}}$ (2) $\dfrac{1}{4\sqrt[4]{x^3}}$ (3) $-\dfrac{x}{\sqrt{1-x^2}}$ (4) $\dfrac{2x}{\sqrt[3]{(x^2+1)^2}}$ (5) $-\dfrac{x}{(x^2+1)\sqrt{x^2+1}}$ (6) $\dfrac{3x+4}{2\sqrt{x+2}}$ (7) $\dfrac{3(x-1)}{2x\sqrt{x}}\left(\sqrt{x}+\dfrac{1}{\sqrt{x}}\right)^2$ (8) $\dfrac{x+2}{2(x+1)\sqrt{x+1}}$

問 3. (1) $f'(x) = 3x^2 + 2 > 0$. ∴ $f(x)$ は単調増加で逆関数をもつ. (2) $\frac{1}{2}$ [$y = f^{-1}(x) = y$ とおくとき, $(f^{-1}(x))' = \frac{1}{3y^2 + 2}$. $x = f(y) = y^3 + 2y - 2$ なので, x が実数全体を動くとき, y は 0 を通過する]

問題 6.7

問 1. (1) $2\cos 2x$ (2) $3\sin(2-3x)$ (3) $\cos x - x\sin x$ (4) $\dfrac{2x}{\cos^2(x^2+1)}$
(5) $\dfrac{\cos x}{2\sqrt{1+\sin x}}$ (6) $\sin x \sec^2 x$ (7) $-\dfrac{1}{1+\sin x}$ (8) $\dfrac{1}{(\sin x + \cos x)^2}$

問 2. (ヒント) P での接線の方程式は $y = -\sin\theta(x-\theta) + \cos\theta$. $(x,y) = (0,0)$ を代入すればよい.

問 3. $x = \dfrac{2}{3}\pi$ で最大値 $\dfrac{2}{3}\pi + \sqrt{3}$, $x = 0$ で最小値 0

問題 6.8

問 1. (1) $3e^{3x}$ (2) $3(e^x - e^{-x})^2(e^x + e^{-x})$ (3) $3^x \times \log 3$
(4) $10^x \times \log 10$ (5) $-3^{-x} \times \log 3$ (6) $2(4^x - 4^{-x})\log 2$

問 2. $y = x\log 2 + 1$

問 3. (ヒント) 双曲線関数の定義に従い計算する.

問題 6.9

問 1. (1) $\dfrac{1}{x+1}$ (2) $\dfrac{3x^2 + 4x - 3}{x^3 + 2x^2 - 3x + 5}$ (3) $\dfrac{1}{x\log x}$ (4) $\cot x$ (5) $\dfrac{1}{\sqrt{x^2+1}}$

問 2. $y = x - 1$. 接点の座標を $(a, \log a)$ とおけ. 接線の式は $y - \log a = \dfrac{1}{a}(x-a)$ で, 原点を通ることより $a = e$ となる. よって, 求める式は $y = \dfrac{1}{e}x$ となる.

章末問題解答

1章

【1】 (1) $(x+1)(x+2)(x-3)$ (2) $x(x+5)(x^2+5x+10)$
(3) $(x^2+2x-1)(x^2-2x-1)$ (4) $(a^2-c)(b-a^2c+c^2)$

【2】 (1) $a=5$, $x=1$, $\dfrac{1+\sqrt{2}i}{3}$ (2) $x=2, 3, 3\pm 2i$

【3】 (1) $a_n = \dfrac{201-n}{2}$, $S_n = \dfrac{n(401-n)}{4}$

(2) $a_n = \left(\dfrac{1}{2}\right)^{n-4}$, $S_n = 16 - \left(\dfrac{1}{2}\right)^{n-4}$

【4】 (ヒント)
(1) $z_1 = x_1 + iy_1$, $z_2 = x_2 + iy_2$ とおき，左辺と右辺を x_i, y_i $(i=1,2)$ を用いて表せ．
(2) $\sqrt{x_1^2+y_1^2}\sqrt{x_2^2+y_2^2} \geqq |x_1x_2+y_1y_2|$ を用いよ．
(3) 複素数 z に対して，$|z|^2 = z\bar{z}$ を利用する．$|1-\bar{z}_1z_2|^2 - |z_1-z_2|^2$ が正になることを示せ．

2章

【1】 (5), これらの移動で x^2 の係数は 1 か -1 にしかならない．

【2】 $p=-3$, $q=5$

【3】 $\dfrac{x^2}{4}+1$

【4】 $k < \dfrac{3}{2}$ のとき1個，$\dfrac{3}{2} \leqq k < 2$ のとき2個，$k=2$ のとき1個，$k>2$ のときなし

【5】 (1) 定義域は $-2 \leqq x \leqq 2$, 値域は $0 \leqq y \leqq 2$ (2) **解図2.1** 参照. [円 $x^2+y^2=4$ の上半分] (3) $-2 \leqq x < \sqrt{2}$

【6】 (1) $3^n x$ (2) $2^n x + 2^n - 1$ [例題1.8を用いる]

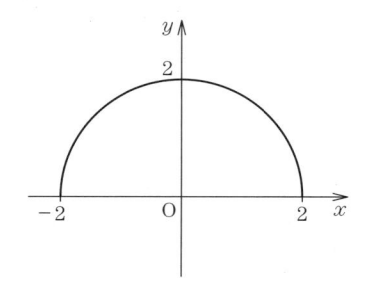

解図 2.1　2 章末問題【 5 】(2)

3 章

【 1 】 $\sin 3\alpha = \sin(2\alpha + \alpha) = \sin 2\alpha \cos \alpha + \cos 2\alpha \sin \alpha = 2\sin\alpha\cos^2\alpha + (1 - 2\sin^2\alpha)\sin\alpha = 2\sin\alpha(1 - \sin^2\alpha) + \sin\alpha - 2\sin^3\alpha = 3\sin\alpha - 4\sin^3\alpha$, $\cos 3\alpha$ についても同様.

【 2 】 (1) $5\alpha = \pi$ について注意すると, $\sin 2\alpha = \sin(\pi - 3\alpha) = \sin 3\alpha$. (2) (1) より, $2\sin\alpha\cos\alpha = 3\sin\alpha - 4\sin^3\alpha$. ∴ $2\cos\alpha = 3 - 4\sin^2\alpha$. $\sin^2\alpha = 1 - \sin^2\alpha$ を代入し, $\cos\alpha$ について解くと, $\cos\alpha = \dfrac{1 + \sqrt{5}}{4}$.

【 3 】 左辺 $= \tan A + \tan B + \tan(\pi - A - B) = \tan A + \tan B - \tan(A + B) = \tan A + \tan B - \dfrac{\tan A + \tan B}{1 - \tan A \tan B} = -\dfrac{(\tan A + \tan B)\tan A \tan B}{1 - \tan A \tan B} = -\tan A \tan B \tan(A + B) = $ 右辺.

【 4 】 $\dfrac{p^2 + q^2 - 2}{2}$　[それぞれの式の両辺を平方し, 和をとる.]

【 5 】 (1) $\sin\theta = 2\sin\dfrac{\theta}{2}\cos\dfrac{\theta}{2} = 2\tan\dfrac{\theta}{2}\cos^2\dfrac{\theta}{2} = 2\tan\dfrac{\theta}{2}\dfrac{1}{1 + \tan^2\dfrac{\theta}{2}} = \dfrac{2t}{1 + t^2}$.

$\cos\theta = 2\cos^2\dfrac{\theta}{2} - 1 = \dfrac{2}{1 + \tan^2\dfrac{\theta}{2}} - 1 = \dfrac{2}{1 + t^2} - 1 = \dfrac{1 - t^2}{1 + t^2}$.

(2) (1) より $x^2 + y^2 = 1$ を満たす x, y は $x = \dfrac{1 - t^2}{1 + t^2}, y = \dfrac{2t}{1 + t^2}$ と表せる. t が有理数のとき, $x = \dfrac{1 - t^2}{1 + t^2}, y = \dfrac{2t}{1 + t^2}$ で与えた (x, y) は共に有理数の組. 逆に, $x = \dfrac{1 - t^2}{1 + t^2}, y = \dfrac{2t}{1 + t^2}$ で与えられた (x, y) が共に有理数の組のとき, $t^2 = \dfrac{1 - x}{1 + x}$ より, t^2 は有理数. ∴ $2t = (1 + t^2)y$ より, t も有理数になる.

【 6 】 (1) 1　(2) 0　(3) 0　[(1) ドモアブルの定理　(2) $0 = 1 - z^n = (1 - z)(1 + z + z^2 + \cdots + z^{n-1})$　(3) (2) の実数部分をとる]

章末問題解答   197

【7】 (1) $\alpha + 2\beta$ (2) $\alpha = \dfrac{-1+\sqrt{7}\,i}{2}, \beta = \dfrac{-1-\sqrt{7}\,i}{2}$ (3) $\alpha = -\dfrac{1}{2}$ [(2)【6】(2) より $\alpha + \beta = -1$. これと $\alpha^2 = \alpha + 2\beta$ を連立させる (3) (2) の実数部分をとる.]

4 章

【1】 (1) $4a^{-1}$ (2) $a+b$ (3) $a^2 - b^2$ (4) $a - b^{-1}$
【2】 3
【3】 (1) $x = 0, -1, 1$ (2) $x = \dfrac{1}{2}, -1$ (3) $-2 < x < 2$
【4】 $\dfrac{7}{9} < \dfrac{1}{\sqrt{5}-1} < \sqrt[4]{8} < \sqrt{3} < \sqrt{5} + \sqrt{2}$
【5】 最大値 $\dfrac{9}{4}$ ($x = -1$ のとき), 最小値 0 ($x = 1$ のとき)
【6】 $\dfrac{5^{999}}{2^{2\,331}} < 1$ を示せ. 答は $5^{999} < 2^{2\,331}$
【7】 (1) $a = \dfrac{1}{2}, b = \sqrt[3]{2}$ (2) $x = \dfrac{1}{6}$
【8】 (1) 0.68 (2) $a < b < c$ の順になる.

5 章

【1】 (1) $\log_c a + \log_c b$ (2) $\log_p a + \log_p b$ (3) 正
【2】 $n^2 < 20 < n^3$ より, $n = 3, 4$
【3】 (1) $x = 110, y = \log_{10} 110 - 3$ (2) $\dfrac{\sqrt{7}-1}{2}$
(3) $x = 4$ (4) $\dfrac{1}{81} \leqq x \leqq \dfrac{1}{3}$
【4】 (1) $\dfrac{17}{4}$ (2) $100\sqrt{10}$ (3) $4x^2 - 17x + 4 = 0$
【5】 $0 \leqq x \leqq \dfrac{\pi}{12}, \dfrac{5\pi}{12} \leqq x \leqq \dfrac{\pi}{2}$
【6】 (1) $n = 5$ (2) $n = 10$

6 章

【1】 |(Q の x 座標) $-$ (P の x 座標)| と |(R の x 座標) $-$ (Q の x 座標)| の比が一定であることを示せばよい. l の方程式を求めると, $y = 3(a^2 - 2)x - 2a^3 + 2$. R の x 座標を求めるために, $y = x^3 - 6x + 2$ と $y = 3(a^2 - 2)x - 2a^3 + 2$ を連立させて解くと, $x = -2a$. P の x 座標 $= a$, Q の x 座標 $= 0$, R の x 座標 $= -2a$ なので, 求める比は, $|a| : |2a| = 1 : 2$.

【2】 $\dfrac{\sqrt{2}}{2} < p < \dfrac{\sqrt{10}}{2}$ [区間 $-2 \leqq x \leqq 2$ での $f(x)$ の最小値が 0 より大きくなれ

ばよい．$f'(x) = 3(x-p)(x+p)$．$p \leqq 2$ のときは $f(-2)$ と $f(p)$ のときの値を調べる．$p > 2$ のときは $f(2)$ のときの値を調べる．]

【3】 (1) $p = f'(a), q = f(a) - af'(a)$ (2) $6x - 7$ (3) $f(a) = f'(a) = 0$ [(1) $f(x) = (x-a)^2 g(x) + (px+q)$ とおける．$f'(x)$ を計算し，$f(a)$ と $f'(a)$ を求めると，$f(a) = pa + q, f'(a) = p$．これから p, q が求まる．(3) $p = q = 0$ になるための条件]

【4】 接線の方程式は $y = e^a(x-a) + e^a$. $\therefore$ R の x 座標は $a - 1$. $\therefore$ RH $= 1$.

【5】 $x = -1$ で極大値 -2, $x = 1$ で極小値 2 をとる．**解図 6.1** 参照．[$x = 0$ と $y = x$ が漸近線]

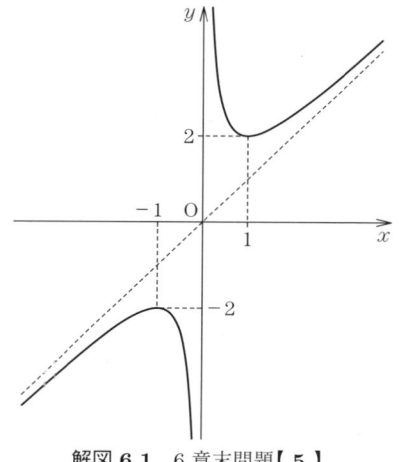

解図 6.1 6 章末問題【5】 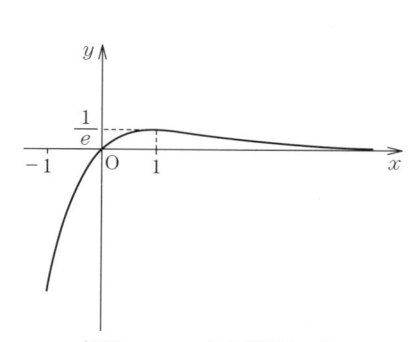   **解図 6.2** 6 章末問題【7】

【6】 (1) $g(x) = e^x - \dfrac{x^2}{2}$ とおく．$g'(x) = e^x - x$．$h(x) = e^x - x$ とおくと，$h'(x) = e^x - 1 > 0 \ (x > 0)$. $\therefore \ h(x)$ は $x > 0$ で単調増加．$h(0) = 1 > 0$ なので，$g'(x) = h(x) > 0 \ (x > 0)$．ゆえに，$g(x)$ は $x > 0$ で単調増加．$g(0) = 1 > 0$ なので，$g(x) > 0 \ (x > 0)$．(2) $e^x > \dfrac{x^2}{2}$ より，$0 < \dfrac{x}{e^x} < \dfrac{2}{x}$ $(x > 0)$．x の値を限りなく大きくすると，$\dfrac{2}{x}$ は限りなく 0 に近づくので，$f(x) = \dfrac{x}{e^x}$ も限りなく 0 に近づく．

【7】 $x = 1$ で極大値 $\dfrac{1}{e}$ をとる．**解図 6.2** 参照．

【8】 三角形を ABC ($\angle$B $= \angle$C) とおく．$\angle$A $= x$ とおくと，$S = \sin x (1 + \cos x)$．S を x で微分すると，$S' = (2\cos x - 1)(\cos x + 1)$．$\therefore$ 区間 $0 < x < \pi$ で，S は $x = \dfrac{\pi}{3}$ (すなわち，正三角形) のとき最大値 $\dfrac{3\sqrt{3}}{4}$ をとる．

【9】 (1) $y' = e^{-x}\left(-x^{\frac{3}{4}} + \frac{3}{4}x^{-\frac{1}{4}}\right)$ (2) $y' = 4xe^{2x^2}$ (3) 与式 $= xe^x + 1$ となるので $y' = e^x + xe^x$ (4) $y' = \dfrac{3x^2}{4\sqrt[4]{(x^2+2)^3}}$ (5) $y' = \dfrac{2x(1-x^2)}{(x^2+1)^3}$ (6) $y' = 2e^x \cos x$ (7) $y' = \dfrac{\cos x}{\sqrt{(1+\sin^2 x)^3}}$

【10】 極大値 $\dfrac{1}{\sqrt{2}}e^{\frac{\pi}{4}}$ $\left(x = \dfrac{\pi}{4}\right)$, 極小値 $-\dfrac{1}{\sqrt{2}}e^{\frac{5}{4}\pi}$ $\left(x = \dfrac{5\pi}{4}\right)$

【11】 (1) $y' = x^x(\log x + 1)$ (2) $y' = x^{\frac{1}{x}-2}(1 - \log x)$

【12】 (1) 指数法則 $e^{x_1+x_2} = e^{x_1}e^{x_2}$ と三角関数の加法定理を用いる.

(2) $\dfrac{d}{dt}f(zt) = (xe^{xt}\cos yt - ye^{xt}\sin yt) + i(xe^{xt}\sin yt + ye^{xt}\cos yt) = xe^{xt}(\cos yt + i\sin yt) + ye^{xt}(-\sin yt + i\cos yt) = (x+yi)e^{xt}(\cos yt + i\sin yt) = zf(zt)$

索引

【あ行】

一般角	57
一般項	5
因数定理	12
裏	22
演繹的推論	23
オイラーの公式	169

【か】

解	16
可付番無限個	1
加法定理	78
カルダノの解法	17
関　数	27

【き】

偽	20
奇関数	38
逆	22
逆関数	45
共役複素数	15
極形式表示	94
極限値	137
極　小	147
極小値	147
極　大	147
極大値	147
極　値	147
虚　数	13
虚数単位	13
虚　部	13

【く】

偶関数	38
区　間	140
グラフ	30
――の拡大，縮小	33
――の対称移動	33
――の平行移動	33

【け，こ】

結　論	23
原点に関して対称	38
原点に関する対称移動	36
合成関数	40
公　比	24
コサイン	52
コセカント	63
コタンジェント	63
弧度法	58
根	15

【さ】

最小公倍数	5
最小値	31
最大公約数	5
最大値	31
サイン	52
座　標	29
座標平面	29
三角関数	61
三段論法	23

【し】

指　数	99
指数関数	113
指数法則	7, 99
始　線	57
自然数	1
自然対数	163
――の底	162
実　数	3
実　部	13
周　期	74
周期関数	74
十分条件	21
循環小数	2
純虚数	13
象　限	29
小前提	23
焦　点	43
証　明	23
常用対数	132
剰余の定理	12
真	20
真　数	120
真数条件	130

【す，せ】

数学的帰納法	23
正　弦	61
正弦定理	53
整　式	11
整　数	2
正　接	61
正の角	57
正の向き	57
セカント	63
積を和・差に直す公式	84
接　線	138
絶対値	15
漸化式	26
漸近線	42

【そ】

素因数分解	4
双曲線	43
双曲線関数	164
増減表	146
素　数	4

【た】

対　偶	22
対偶法	23
対称移動	36
対　数	120
代数学の基本定理	17
対数関数	127
対数微分法	169
大前提	23
たがいに素	5
多項式	11
単項式	6
タンジェント	52
単調関数	46
単調減少な関数	46
単調増加な関数	46
単調な関数	46

【ち，つ】

値　域	28
直接的証明	23
直交双曲線	43
通　分	6

【て】

底	113
定義域	28
定　数	27
底の変換公式	124

【と】

導関数	140
動　径	57
動径 OP の表す角	57
等差数列	5
同　値	21
等比数列	24
同類項	6
ド・モアブルの定理	97

【ね】

ネピアの数	2, 162

【は，ひ】

背理法	23
半角の公式	83
必要条件	20
微分係数	137

【ふ】

フェラリの解法	17
負角公式	68
複素数	3, 13
――の積の極形式による表示	96
複素数平面	13
双子素数	4
負の角	57
負の向き	57
分数関数	42

【へ，ほ】

分母の有理化	7
平均変化率	136
平方根	104
偏　角	94
変　数	27
方程式	15
補角公式	70

【む，め】

無理関数	48
無理式	48
無理数	2
命　題	20

【ゆ，よ】

有理数	2
――を指数とする累乗	108
余角公式	70
余　弦	61
余弦定理	24, 54

【ら行】

ラジアン	58
累　乗	99
累乗根	104
連　続	143

【わ】

和・差を積に直す公式	84

◇

【I】

I で微分可能	140

【N】

n 次関数	30
n 乗	99
n 乗根	2, 104

【X】

x 軸に関して対称	38
x 軸に関する対称移動	36

【Y】

y 軸に関して対称	38
y 軸に関する対称移動	36

【数字】

2 重根号	8
2 倍角の公式	81
3 倍角の公式	98
60 分法	58

―― 著者略歴 ――

加藤　末広（かとう　すえひろ）
- 1975 年　埼玉大学理工学部数学科卒業
- 1978 年　千葉大学大学院修士課程修了
  （数学専攻）
- 1984 年　立教大学大学院後期博士課程修了
  （数学専攻）
  理学博士
- 1986 年　北里大学専任講師（教養部）
- 1994 年　北里大学助教授（教養部）
- 2006 年　北里大学教授（一般教育部）
  現在に至る

下田　保博（しもだ　やすひろ）
- 1975 年　東京都立大学理学部数学科卒業
- 1977 年　東京都立大学大学院修士課程修了
  （数学専攻）
- 1981 年　東京都立大学大学院博士課程修了
  （数学専攻）
  理学博士
- 1990 年　北里大学専任講師（教養部）
- 1996 年　北里大学助教授（教養部）
- 2008 年　北里大学教授（一般教育部）
  現在に至る

大橋　常道（おおはし　つねみち）
- 1969 年　東京理科大学理学部応用数学科卒業
- 1972 年　東京理科大学大学院修士課程修了
  （数学専攻）
- 1976 年　青山学院大学情報科学研究所助手
- 1980 年　北里大学講師（教養部）
- 2004 年　北里大学教授（一般教育部）
  現在に至る

マスターしておきたい数学の基礎
Preparation Course for Differential and Integral Calculus

Ⓒ Katoh, Shimoda, Ohashi 2010

2010 年 5 月 10 日　初版第 1 刷発行

検印省略	著　者	加　藤　末　広
		下　田　保　博
		大　橋　常　道
	発行者	株式会社　コロナ社
	代表者	牛来真也
	印刷所	三美印刷株式会社

112-0011　東京都文京区千石 4-46-10

発行所　株式会社　コロナ社
CORONA PUBLISHING CO., LTD.
Tokyo Japan

振替 00140-8-14844・電話(03)3941-3131(代)

ホームページ　http://www.coronasha.co.jp

ISBN 978-4-339-06091-1　（金）　（製本：愛千製本所）
Printed in Japan

無断複写・転載を禁ずる
落丁・乱丁本はお取替えいたします